开放式 GIS 开发与应用

马林兵　邓孺孺　杜国明　著

国家"十二五"科技支撑计划项目(2013BAJ13B04)资助

科学出版社

北　京

内 容 简 介

本书讲解了一个基于插件的开放式应用开发框架,其目标是解决GIS综合应用系统的信息互通、功能高度复用、数据高度共享和快速构建GIS应用系统,通过可视化的插件协同建模,快速构建GIS应用,全面提升集成能力。全书共8章,内容包括面向对象程序设计的基本原理以及设计模式的基本原则、应用开发框架及插件的基本概念、基于插件的开放式GIS应用开发框架、OG-ADF框架的文档-视图结构、创建基于OG-ADF框架的命令与工具、OG-ADF开发框架的插件及事件处理机制、基于OG-ADF框架实现的服务SpatialDatabaseManageService及相对应的插件、基于OG-ADF框架的开发案例——广东省遥感水质监测信息管理系统等。

阅读本书需要有面向对象程序设计、设计模式等基础知识,同时也需要有一定的GIS应用系统的开发经历与体会,适合于需要加强软件工程设计思维、提高工作效率的地理信息工程技术人员以及高校GIS专业研究生使用。

图书在版编目(CIP)数据

开放式GIS开发与应用/马林兵,邓孺孺,杜国明著. —北京:科学出版社,2015.1
ISBN 978-7-03-043039-7

Ⅰ.①开⋯ Ⅱ.①马⋯②邓⋯③杜⋯ Ⅲ.①地进信息系统 Ⅳ.①P208

中国版本图书馆CIP数据核字(2015)第011401号

责任编辑:杨 红/责任校对:张小霞
责任印制:徐晓晨/封面设计:迷底书装

科 学 出 版 社 出版
北京东黄城根北街16号
邮政编码:100717
http://www.sciencep.com

北京教图印刷有限公司 印刷
科学出版社发行 各地新华书店经销

*

2015年 1 月第 一 版 开本:B5(720×1000)
2015年11月第二次印刷 印张:11 5/8
字数:230 000

定价:49.00元
(如有印装质量问题,我社负责调换)

前　　言

　　十几年来,地理信息系统(GIS)的发展已进入众多领域,它为各个行业的空间数据管理及业务运行提供支持。目前,在 GIS 应用系统开发中,组件技术已作为非常成熟的开发方式被引进来,出现了许多基于组件方式的 GIS 二次开发平台,如 ArcEngine、SuperObject 等。用户可以根据应用需要通过二次组件实现各种GIS 功能,使得开发大型 GIS 应用系统成为可能。

　　组件技术的使用极大地降低了 GIS 应用系统的开发门槛,但随着应用系统越来越庞大,升级维护变得越来越困难,因此需要从几个方面对设计层面进行提升,如提高软件的模块化程度;增强组件的封装性;尽量提高软件的可重用性;避免不必要的重复编码工作;不同功能模块之间能够无缝集成;软件具有灵活的可扩展性;软件产品的扩展与开发实现标准化;等等。采用应用开发框架及插件技术为特定领域内共性问题的解决提供了统一的业务应用系统骨架,同时又提供了相应的机制来支持领域内变化性特征的隔离、封装和抽象,兼顾了系统的稳定性和灵活性,使软件具备了支持动态演化的能力。插件技术从本质上讲是一种软件集成技术。按软插件理论,软插件是一种具有一组外接插头(功能描述和外接消息以及相应的说明信息)的软件单元实体。插件的最大特点是在不需要重新编译、部署原有系统的前提下,通过更新或者提供新的插件,只需简单加载这些插件后,就能完成系统功能的修改或升级。

　　目前,我国的 GIS 专业技术软件开发公司普遍规模不大,即使是大一些的公司,由于项目要求的时间紧迫,加上人员的流动,往往会专注于进行某些具体功能的开发,很难在系统总体的框架设计上进行先行设计、合理规划,使得系统的伸缩性、可扩展性不能顺利进行,因此,"推倒重做"的项目案例是很多的。

　　本书总结了 GIS 应用系统的通用功能特点,介绍了一个基于插件的开放式应用开发框架,其目标是解决 GIS 综合应用系统的信息互通、功能高度复用、数据高度共享和快速构建 GIS 应用系统,通过可视化的插件协同建模,快速构建 GIS 应用,全面提升集成能力。

　　本书第 1 章介绍面向对象程序设计的基本原理以及设计模式的基本原则,并简要介绍了 23 个基本的设计模式;第 2 章介绍开放式应用开发框架及插件的基本概念;第 3 章介绍一个基于插件的开放式 GIS 应用开发框架(open GIS application developing framework,OG-ADF),包括 OG-ADF 框架提供的一系列核心服务;第 4 章介绍 OG-ADF 框架的文档-视图结构,分别以 ArcEngine 的 MapControl 控件、SceneControl 控件、GlobeControl 控件作为文档-视图结构创建的基础进行举例;第 5 章介绍如何创建基于 OG-ADF 框架的命令(command)与工具(tool);第 6 章介绍 OG-ADF 开发框架的插件及事件处理机制;第 7 章介绍一个基于 OG-ADF 框架实现的服务 SpatialDatabaseManageService 及相对应的插件;第 8 章介绍一个基于 OG-ADF 框架的开发案例——广东省遥感水质监测信息管理系统。

目前,国内外关于 GIS 二次开发的书有十几种之多,都是基于某个具体开发平台(如 ArcGIS)来介绍一些具体的开发方法,但本书是从软件工程设计模式的角度展开,提出了一个开放式 GIS 开发模式,强调的是系统设计理念。正所谓授之以鱼,不如授之以渔,这正是本书的精华所在。

本书附带丰富的源代码资源及实例,有助于广大 GIS 开发者快速、高效地完成应用系统的开发,相信开发者完全可以在此框架实例的基础上,快速开发一个功能强大的应用系统,并且通过开发加载一个个插件,不断丰富系统的功能。本书实现的框架是基于 ArcEngine10.1,但由于其设计思路的开放性,读者实际上可以非常容易地扩展到其他 GIS 二次开发平台上。

OG-ADF 开发框架已经应用于国家"十二五"科技支撑计划项目"村镇建设用地再开发规划编制技术研究"、"粤港澳水量与水环境遥感监测应用系统"示范系统的开发中,并得到这些科技支撑项目的大力支持。

需要本书的源代码,请发邮件至 dx@mail.sciencep.com,将提供源代码的免费下载。对于本书内容及本书所附源代码实例有任何疑问,可以与我们联系,联系邮箱为:malb@mail.sysu.edu.cn。

马林兵

2014 年 11 月

目　　录

前言
第1章　设计模式概述·· 1
  1.1　面向对象程序设计 ··· 1
    1.1.1　面向对象程序设计的历史发展 ···················· 1
    1.1.2　面向对象程序设计的基本概念 ···················· 2
    1.1.3　面向对象语言的基本特征 ·························· 5
    1.1.4　面向对象程序设计优势 ···························· 8
    1.1.5　面向对象的分析方法 ····························· 10
  1.2　设计模式的基本概念··· 13
  1.3　设计模式的基本设计原则 ·· 15
  1.4　基本设计模式简介·· 16
    1.4.1　工厂方法模式 ······································ 16
    1.4.2　抽象工厂模式 ······································ 17
    1.4.3　建造者模式 ··· 19
    1.4.4　原型模式 ··· 20
    1.4.5　单例模式 ··· 21
    1.4.6　装饰模式 ··· 21
    1.4.7　适配器模式 ··· 22
    1.4.8　桥接模式 ··· 23
    1.4.9　组合模式 ··· 24
    1.4.10　外观模式 ··· 24
    1.4.11　享元模式 ··· 26
    1.4.12　代理模式 ··· 28
    1.4.13　解释器模式 ······································· 28
    1.4.14　责任链模式 ······································· 30
    1.4.15　命令模式 ··· 31
    1.4.16　迭代器模式 ······································· 32
    1.4.17　中介者模式 ······································· 33
    1.4.18　备忘录模式 ······································· 34
    1.4.19　观察者模式 ······································· 35

1.4.20 状态模式 ································· 36
1.4.21 策略模式 ································· 36
1.4.22 访问者模式 ······························ 37
1.4.23 模板方法模式 ··························· 39
第2章 开放式应用开发框架及插件 ··················· 40
2.1 应用开发框架概述 ··························· 40
2.2 基于插件的开放式应用框架 ················· 42
2.2.1 插件的基本概念 ··························· 42
2.2.2 插件的实现方法 ··························· 43
2.2.3 插件式应用框架 ··························· 44
第3章 开放式 GIS 应用开发框架 ····················· 46
3.1 GIS 应用开发框架概述 ····················· 46
3.2 框架用到的第三方组件 ····················· 47
3.2.1 WeifenLuo 组件 ··························· 47
3.2.2 ToolBarDock 组件 ························ 48
3.3 OG-ADF 框架介绍 ························· 49
3.3.1 OG-ADF 框架总体结构 ················· 49
3.3.2 框架的核心——PLGApplication ········· 51
3.3.3 框架中对象的管理 ······················· 54
3.3.4 框架应用的开始——PLGAppMainForm ··· 55
3.4 OG-ADF 框架的核心服务 ················· 58
3.4.1 PluginManageService ···················· 58
3.4.2 CommandService ························· 59
3.4.3 DocumentManageService ················· 64
3.4.4 GeoBasicService ························· 65
3.4.5 DocumentContextMenuService ············ 65
3.4.6 DocumentControlContextMenuService ····· 66
3.4.7 PanelManageService ····················· 67
3.4.8 StatusBarService ························· 71
第4章 文档-视图结构 ····························· 73
4.1 文档-视图结构概述 ························· 73
4.1.1 IDocument 接口 ························· 73
4.1.2 IDocumentView 接口 ····················· 74
4.1.3 IDocumentEvent 接口 ····················· 75
4.1.4 IGeoDocumentEvent 接口 ················· 75

　　　　4.1.5　PLGDocumentBase 基类 ·················· 76

　4.2　基于 MapControl 控件的文档-视图 ··············· 76

　　　　4.2.1　MapControl 控件介绍 ··················· 76

　　　　4.2.2　IMapDocumentEvent 接口 ··············· 77

　　　　4.2.3　PLGMapDocument 类 ·················· 77

　　　　4.2.4　文档行为外挂钩子——DocumentActionHook ···· 78

　　　　4.2.5　文档事件处理外挂钩子——DocumentEventHook ·· 80

　4.3　基于 SceneControl 控件的文档-视图 ·············· 83

　　　　4.3.1　SceneControl 控件介绍 ················· 83

　　　　4.3.2　ISceneDocumentEvent 接口 ·············· 84

　　　　4.3.3　PLGSceneDocument 类 ················· 84

　4.4　基于 GlobeControl 控件的文档-视图 ·············· 87

　　　　4.4.1　GlobeControl 控件介绍 ················· 87

　　　　4.4.2　IGlobeDocumentEvent 接口 ·············· 88

　　　　4.4.3　PLGGlobeDocument 类 ················· 88

第 5 章　命令与工具 ·························· 90

　5.1　命令 ······························ 90

　　　　5.1.1　IGeoCommandHook 接口与 IGeoCommand 接口 ·· 90

　　　　5.1.2　命令及命令"挂钩"的实现 ··············· 91

　5.2　工具 ······························ 96

　　　　5.2.1　IGeoToolHook 接口与 IGeoTool 接口 ········· 96

　　　　5.2.2　工具及工具"挂钩"的实现 ··············· 98

第 6 章　插件及事件处理 ······················· 107

　6.1　OG-ADF 框架的插件机制 ················· 107

　　　　6.1.1　IPlugin 接口 ······················· 107

　　　　6.1.2　IDependentPlugin 接口与 IExposedObject 接口 ····· 108

　　　　6.1.3　创建一个插件的实例 ·················· 109

　6.2　OG-ADF 框架提供的几个插件介绍 ············ 111

　　　　6.2.1　PLGStarterPlugin 插件 ················· 111

　　　　6.2.2　PLGMapDocumentPlugin 插件 ············ 113

　　　　6.2.3　PLGMapContextMenuPlugin 插件 ·········· 118

　　　　6.2.4　PLGTOCExplorer 插件 ················· 123

　6.3　OG-ADF 框架的事件处理 ················· 124

第 7 章　SpatialDatabaseManageService ·············· 129

　7.1　SpatialDatabaseManageService 接口 ·············· 129

　　　7.1.1　IPLGDataset 系列接口 ·· 129

　　　7.1.2　ISpatialDatabaseManageService 接口 ······················· 130

　7.2　SpatialDatabaseManageService 适配器 ······························· 131

　7.3　SpatialDatabaseManageService 相关插件及 UI ·················· 135

　　　7.3.1　PLGSpatialDatabaseExplorer 插件 ···························· 135

　　　7.3.2　SpatialDatabaseExplorer 对话框 ······························· 136

　　　7.3.3　SpatialDatabaseManageService 的几个 UI 对话框 ········ 147

第 8 章　一个基于 OG-ADF 框架的开发案例 ·································· 162

　8.1　系统总体介绍 ·· 162

　8.2　系统几个主要插件 ·· 166

附录:源代码内容说明 ·· 175

第1章　设计模式概述

1.1　面向对象程序设计

面向对象（object-oriented，OO）方法是一种把面向对象的思想应用于软件开发过程中，指导开发活动的系统方法，是建立在"对象"概念基础上的方法学。对象是由数据和容许的操作组成的封装体，其与客观实体有直接对应关系，一个对象类定义了具有相似性质的一组对象。而继承性是对具有层次关系的类的属性和操作进行共享的一种方式。所谓面向对象就是基于对象概念，以对象为中心，以类和继承为构造机制，来认识、理解、刻画客观世界和设计、构建相应的软件系统。

1.1.1　面向对象程序设计的历史发展

20世纪50年代后期，在用FORTRAN语言编写大型程序时，常出现变量名在程序不同部分发生冲突的问题。鉴于此，ALGOL语言的设计者在ALGOL60中采用了以"Begin…End"为标识的程序块，使块内变量名是局部的，以避免它们与程序中块外的同名变量相冲突。这是编程语言中首次提供封装（保护）的尝试。此后程序块结构广泛用于高级语言如Pascal、Ada、C之中。

20世纪60年代，对象作为编程实体最早由Simula 67语言引入思维。Simula这一语言是由奥利-约翰·达尔和克利斯登·奈加特在挪威奥斯陆计算机中心为模拟环境而设计的。据说，他们是为了模拟船只而设计的这种语言，并且对不同船只间属性的相互影响感兴趣。他们将不同的船只归纳为不同的类，而每一个对象，基于它的类，可以定义它自己的属性和行为。这种办法是分析式程序最早概念的体现。在分析式程序中，将真实世界的对象映射到抽象的对象，叫做"模拟"。Simula不仅引入了"类"的概念，还应用了实例这一思想，被认为是第一个面向对象语言。

20世纪70年代，美国施乐公司的帕洛阿尔托研究中心（PARC）开发了Smalltalk编程语言，取Simula的类为核心概念，很多内容借鉴于Lisp语言。由施乐公司通过对Smalltalk72、Smalltalk76持续不断地研究和改进之后，于1980年推出并商品化，它在系统设计中强调对象概念的统一，引入对象、对象类、方法、实例等概念和术语，采用动态联编和单继承机制，这与Simula中的静态对象有所区别。此外，Smalltalk还引入了继承性的思想，因此一举超越了不可创建实例的程序设计模型和不具备继承性的 Simula。Smalltalk 被公认为是历史上第二个面向对象的程序设计语言和第一个真正的集成开发环境（IDE），它对其他众多的程序设计语言的产生起到了极大的推动作用，如 Object-C、Java 等。

20 世纪 80 年代以来，不同类型的面向对象语言（如 Object-C、C++、Java 等）如雨后春笋般研制开发出来，人们将面向对象的基本概念和运行机制运用到其他领域，获得了一系列相应领域的面向对象的技术。面向对象方法已被广泛应用于程序设计语言、形式定义、设计方法学、操作系统、分布式系统、人工智能、实时系统、数据库、人机接口、计算机体系结构以及并发工程、综合集成工程等，它在许多领域的应用都得到了很大的发展。1986 年，在美国举行了首届"面向对象编程、系统、语言和应用（OOPSLA'86）"国际会议，使面向对象受到世人瞩目，其后每年都举行一次，这进一步标志着面向对象方法的研究已普及全世界。

1.1.2　面向对象程序设计的基本概念

■ 对象（object）

对象是现实世界中一个实际存在的事物。从一本书到一家图书馆，从简单的整数到庞大的数据库、极其复杂的自动化工厂、飞机、轮船都可看作对象，它不仅能表示有形的实体，也能表示无形的、抽象的规则、计划或事件，如一项计划、一场球赛等。对象由数据（描述事物的属性）和作用于数据的操作（体现事物的行为）构成一个独立整体。从程序设计者来看，对象是一个程序模块，从用户来看，对象为他们提供所希望的行为。

在面向对象系统中，对象是系统中用来描述客观事物的一个实体，是构成系统的一个基本单位。一个对象由一组属性和对这组属性进行操作的一组服务构成。属性和服务是构成对象的两个主要因素，属性是一组数据结构的集合，表示对象的一种状态，对象的状态只供对象自身使用，用来描述静态特性。而服务是用来描述对象动态特征的一个操作序列，是对象一组功能的体坳，包括自操作和它操作。自操作是对象对其内部数据（属性）进行的操作，它操作是对其他对象进行的操作。

一个对象可以包含多个属性和多个服务，对象的属性值只能由这个对象的服务存取和修改。对象是其自身所具有的状态特征及可以对这些状态施加的操作结合在一起所构成的独立实体。对象具有如下的特性。

（1）具有唯一标识名，可以区别于其他对象。

（2）具有一个状态，由与其相关联的属性值集合所表征。

（3）具有一组操作方法，即服务，每个操作决定对象的一种行为。

（4）一个对象的成员仍可以是一个对象。

（5）模块独立性。从逻辑上看，一个对象是一个独立存在的模块，模块内部状态不因外界的干扰而改变，也不会涉及其他模块；模块间的依赖性极小或几乎没有；各模块可独立地被系统组合选用，也可被程序员重用，不必担心影响其他模块。

（6）动态连接性。客观世界中的对象之间是有联系的，在面向对象程序设计中，通过消息机制，把对象之间的动态连接在一起，使整个机体运转起来，便称为对象的连接性。

（7）易维护性。由于对象的修改、完善功能及其实现的细节都被局限于该对象的内部，不会涉及外部，这就使得对象和整个系统变得非常容易维护。

对象从形式上看是系统程序员、应用程序员或用户所定义的抽象数据类型的变量，当用户定义了一个对象，就创造出了具有丰富内涵的新的抽象数据类型。

■ 类（class）

具有相同特性（数据元素）和行为（功能）的对象的抽象就是类。因此，对象的抽象是类，类的具体化就是对象，也可以说类的实例是对象，类实际上就是一种数据类型。

在面向对象系统中，并不是将各个具体的对象都进行描述，而是忽略其非本质的特性，找出其共性，将对象划分成不同的类，这一过程称为抽象过程。类是对象的抽象及描述，是具有共同属性和操作的多个对象的相似特性的统一描述体。在类的描述中，每个类要有一个名字标识，用以表示一组对象的共同特征。类的每个对象都是该类的实例。类提供了完整的解决特定问题的能力，因为类描述了数据结构（对象属性）、算法（服务和方法）与外部接口（消息协议），是一种用户自定义的数据类型。

简单地讲，类是一种数据结构，用于模拟现实中存在的对象和关系，包含静态的属性和动态的方法。以 C#为例，所有的内容都被封装在类中，类是 C#的基础，每个类通过属性和方法及其他一些成员来表达事物的状态和行为。事实上，编写 C#程序的主要任务就是定义各种类及类的各种成员。类的声明需要使用class 关键字，并把类的主体放在花括号中，格式如下：

```
［类修饰符］class 类名 ［:基类类名］
{
//属性
//方法
}
```

其中，除了 class 关键字和类名外，剩余的都是可选项；类名必须是合法的C#标识符，它将作为新定义的类的类型标识符。

类与对象的关系如图 1.1 所示。

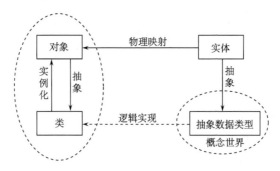

图 1.1　类与对象的关系图

■ **消息（message）**

消息是面向对象系统中实现对象间的通信和请求任务的操作，是要求某个对象执行其中某个功能操作的规格说明。发送消息的对象称为发送者，接受消息的对象称为接收者。对象间的联系，只能通过消息来进行。对象在接收到消息时才被激活。

消息具有以下 3 个性质。

（1）同一对象可接收不同形式的多个消息，产生不同的响应。

（2）相同形式的消息可以发送给不同对象，所做出的响应可以是截然不同的。

（3）消息的发送可以不考虑具体的接收者，对象可以响应消息，也可以对消息不予理会，对消息的响应并不是必须的。

对象之间传送的消息一般由 3 部分组成：接收对象名、调用操作名和必要的参数。在面向对象程序设计中，消息分为两类：公有消息和私有消息。假设有一批消息发向同一个对象，其中一部分消息是由其他对象直接向它发送的，称为公有消息；另一部分消息是它向自己发送的，称为私有消息。

■ **方法（method）**

在面向对象程序设计中，要求某一对象完成某一操作时，就向对象发送一个相应的消息，当对象接收到发向它的消息时，就调用有关的方法，执行相应的操作。方法就是对象所能执行的操作。方法包括界面和方法体两部分。方法的界面就是消息的模式，它给出了方法的调用协议；方法体则是实现这种操作的一系列计算步骤，也就是一段程序。消息和方法的关系是：对象根据接收到的消息，调用相应的方法；反过来，有了方法，对象才能响应相应的消息。所以消息模式与方法界面应该是一致的。同时，只要方法界面保持不变，方法体的改动就不会影响方法的调用方式。

消息和方法的关系：对象根据接收到的消息，调用相应的方法；反过来，有了方法，对象才能响应相应的消息。所以消息模式与方法界面应该是一致的。同时，只要方法界面保持不变，方法体的改动就不会影响方法的调用。

在 C#语言中方法是通过函数来实现的，称为成员函数。

1.1.3　面向对象语言的基本特征

■ 抽象（abstract）

抽象就是忽略一个主题中与当前目标无关的那些方面，以便更充分地注意与当前目标有关的方面。抽象并不打算了解全部问题，而只是选择其中的一部分，暂时不用部分细节。例如，我们要设计一个学生成绩管理系统，考察学生这个对象时，我们只关心他的班级、学号、成绩等，而不用去关心他的身高、体重这些信息。抽象包括两个方面，一是过程抽象，二是数据抽象。过程抽象是指任何一个明确定义功能的操作都可被使用者看作单个的实体，尽管这个操作实际上可能由一系列更低级的操作来完成。数据抽象定义了数据类型和施加于该类型对象上的操作，并限定了对象的值只能通过使用这些操作修改和观察。

■ 封装（encapsulation）

封装是面向对象的特征之一，是对象和类概念的主要特性。封装是把过程和数据包围起来，对数据的访问只能通过已定义的界面。面向对象计算始于这个基本概念，即现实世界可以被描绘成一系列完全自治、封装的对象，这些对象通过一个受保护的接口访问其他对象。一旦定义了一个对象的特性，则有必要决定这些特性的可见性，即哪些特性对外部世界是可见的，哪些特性用于表示内部状态。在这个阶段定义对象的接口，通常应禁止直接访问一个对象的实际表示，而应通过操作接口访问对象，这称为信息隐藏。事实上，信息隐藏是用户对封装性的认识，封装则为信息隐藏提供支持。封装保证了模块具有较好的独立性，使得程序维护修改较为容易。对应用程序的修改仅限于类的内部，因而可以将应用程序修改带来的影响减少到最低限度。

封装提供了外界与对象进行交互的控制机制，设计和实施者可以公开外界需要直接操作的属性和方法，而把其他的属性和方法隐藏在对象内部。这样可以让软件程序封装化，而且可以避免外界错误地使用属性和方法。

以汽车为例，厂商把汽车的颜色公开给外界，外界想怎么改颜色都是可以的，但是防盗系统的内部构造是隐藏起来的；更换汽缸可以是公开的行为，但是汽缸和发动机的协调方法就没有必要让用户知道了。

■ 多态性（polymorphism）

对象根据所接收的消息而做出动作。同一消息为不同的对象接受时可产生完全不同的行动，这种现象称为多态性。利用多态性用户可发送一个通用的信息，而将所有的实现细节都留给接受消息的对象自行决定。多态性的实现受到继承性的支持，利用类继承的层次关系，把具有通用功能的协议存放在类层次中尽可能高的地方，而将实现这一功能的不同方法置于较低层次，这样，在这些低层次上生成的对象就能给通用消息以不同的响应。在面向对象程序语言中，可通过在派生类中重定义基类函数（定义为重载函数或虚函数）来实现多态性（如程序段1.1 中方法 GetVehicle 所示）。

例如，外部对象发送绘图消息，调用的几何绘图方法会完全不同：既可以是三角形，也可以是矩形，或者是圆形。如图 1.2 所示。

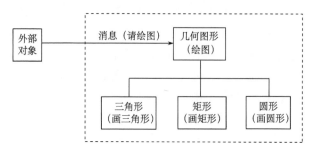

图 1.2　多态性示意图

C#语言支持两种多态性。

（1）编译时的多态性：通过重载来实现。

重载有两种方法：①函数重载，指一个标识符可同时用于多个函数命名；②运算符重载，指一个运算符可同时用于多种运算。

（2）运行时的多态性：在继承中，通过虚函数来实现。

多态的优点：①可以为具有继承关系的不同类所形成的类族提供统一的外部接口；②减少记忆操作名的负担。

■ **继承（inheritance）**

继承是从已有的对象类型出发建立一种新的对象类型，使它继承原对象的特点和功能。继承是面向对象编程技术的一块基石，通过它可以创建分等级层次关系的类。

继承是父类和子类之间共享数据和方法的机制，通常把父类称为基类，子类称为派生类。子类可以从其父类中继承属性和方法，通过这种关系模型可以简化类的设计。如图 1.3 所示，在 Vehicle 类的基础上定义一派生类 Car 和 Truck，它们继承了 Vehicle 类的一切特性，则 Car 类和 Truck 类都是 Vehicle 类的子集，如程序段 1.1 所示。

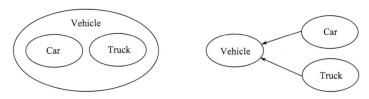

图 1.3　基类与派生类的关系

程序段 1.1：

```
class Vehicle          //基类
{
protected float weight;    //属性
public void GetVehicle()   //方法
{…}
}
class Car : Vehicle           // Car 为派生类
{
private int passenger;        //属性
public new void GetVehicle()  //方法
{…}
}
```

从继承源上划分继承可分为单一继承和多重继承，子类对单个直接父类的继承叫做单一继承，子类对多于一个直接父类的继承叫做多重继承。如图 1.4 所示为单一继承，图 1.5 所示为多重继承。

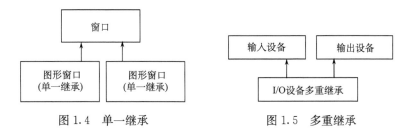

图 1.4　单一继承　　　　　　　　　图 1.5　多重继承

从继承内容上，继承可分为取代继承、包含继承、受限继承和特化继承。

（1）取代继承：例如，一个徒弟从其师傅那里学到了所有技术，则在任何需要师傅的地方都可以由徒弟代替。

（2）包含继承：例如，交通工具是一类对象，汽车是一种特殊的交通工具。汽车具有了交通工具的所有特征，任何一辆汽车都是一种交通工具，这便是包含继承，即汽车包含了交通工具的所有特征。

（3）受限继承：例如，鸵鸟是一种特殊的鸟，它不能继承鸟会飞的特征。

（4）特化继承：例如，教师是一类特殊的人，他们比一般人具有更多的特有信息，这就是特化继承。

综上所述，在面向对象方法中，对象和传递消息分别表示事物及事物间相互联系的概念；类和继承是适应人们一般思维方式的描述范式；方法是允许作用于该类对象上的各种操作。这种对象、类、消息和方法的程序设计范式的基本特点在于对象的封装性和类的继承性。通过封装能将对象的定义和对象的实现分开，通过继承能体现类与类之间的关系以及由此带来的动态联编和实体的多态性，从而构成了面向对象的基本特征。

1.1.4　面向对象程序设计优势

1. 以"对象"为核心

传统的程序设计技术是面向过程的设计方法，这种方法以算法为核心，把数据和过程作为相互独立的部分，数据代表问题空间中的客体，程序代码则用于处理这些数据。把数据和代码作为分离的实体，反映了计算机的观点，因为在计算机内部，数据和程序是分开存放的。但是，这样做的时候总存在使用错误的数据调用正确的程序模块或使用正确的数据调用错误的程序模块的危险。使数据和操作保持一致，是程序员的一个沉重负担，在多人分工合作开发一个大型软件系统的过程中，如果负责设计数据结构的人中途改变了某个数据的结构而又没有及时通知所有人员，则会发生许多不该发生的错误。另外，传统的程序设计技术忽略了数据和操作之间的内在联系，用这种方法所设计出来的软件系统其解空间（也称为求解域）与问题空间（也称为问题域）并不一致，令人感到难于理解。实际上，用计算机解决的问题都是现实世界中的问题，这些问题无非由一些相互间存在一定联系的事物所组成。每个具体的事物都具有行为和属性两方面的特征。因此，把描述事物静态属性的数据结构和表示事物动态行为的操作放在一起构成一个整体，才能完整、自然地表示客观世界中的实体。

面向对象的软件技术以对象为核心，运用人类日常的思维方法和原则进行系统开发，有益于发挥人类的思维能力，并有效地控制了系统的复杂性，体现于面向对象方法的抽象、分类、继承、封装、消息通信等基本原则。对象是对现实世界实体的正确抽象，它是由描述内部状态表示静态属性的数据以及可以对这些数据施加的操作（表示对象的动态行为）封装在一起所构成的统一体。对象之间通过传递消息互相联系，以模拟现实世界中不同事物彼此之间的联系。面向对象的设计方法与传统的面向过程的方法有本质不同，这种方法的基本原理是，使用现实世界的概念抽象地思考问题从而自然地解决问题。它强调模拟现实世界中的概念而不强调算法，它鼓励开发者在软件开发的绝大部分过程中都用应用领域的概念去思考。在面向对象的设计方法中，计算机的观点是不重要的，现实世界的模型才是最重要的。面向对象的软件开发过程从始至终都围绕着建立问题领域的对象模型来进行：对问题领域进行自然的分解，确定需要使用的对象和类，建立适当的类等级，在对象之间传递消息实现必要的联系，从而按照人们习惯的思维方式建立起问题领域的模型，模拟客观世界。

2. 与人类习惯的思维方法一致

传统的软件开发过程可以用"瀑布"模型来描述，这种方法强调自顶向下按部就班地完成软件开发工作。事实上，人们认识客观世界解决现实问题的过程是一个渐进的过程，人的认识需要在继承以前有关知识的基础上，经过多次反复才能逐步深化。在人的认识深化过程中，既包括了从一般到特殊的演绎思维过程，也包括了从特殊到一般的归纳思维过程。人在认识和解决复杂问题时使用的最强有力的思维工具是抽象，也就是在处理复杂对象时，为了达到某个分析目的，集中研究对象与此目的有关的实质，忽略该对象的那些与此目的无关的部分。

面向对象方法学的出发点和基本原则就是分析、设计和实现一个软件系统的方法和过程。尽可能接近人们认识世界解决问题的方法和过程，也就是使描述问题的问题空间和描述解法的解空间在结构上尽可能一致。也可以说，面向对象方法学的基本原则是按照人们习惯的思维方式建立问题域的模型，开发出尽可能直观、自然地表现求解方法的软件系统。面向对象的软件系统中，广泛使用的对象是对客观世界中实体的抽象，对象实际上是抽象数据类型的实例，它提供了理想的数据抽象机制，同时又具有良好的过程抽象机制（通过发消息使用公有成员函数）。对象类是对一组相似对象的抽象，类等级中上层的类是对下层类的抽象。因此，面向对象的环境提供了强有力的抽象机制，便于人们在利用计算机软件系统解决复杂问题时使用习惯的抽象思维工具。此外，面向对象方法学中普遍进行的对象分类过程，支持从特殊到一般的归纳思维过程；面向对象方法学中通过建立类等级而获得的继承特性，支持从一般到特殊的演绎思维过程。面向对象的软件技术为开发者提供了随着对某个应用系统的认识逐步深入和具体化，而逐步设计和实现该系统的可能性，因为可以先设计出由抽象类构成的系统框架，随着认识深入和具体化再逐步派生出更具体的派生类。这样的开发过程符合人们认识客观世界解决复杂问题时逐步深化的渐进过程。

3. 稳定性好

传统的软件开发方法以算法为核心，开发过程基于功能分析和功能分解。用传统方法所建立起来的软件系统的结构紧密，依赖于系统所要完成的功能，当功能需求发生变化时将引起软件结构的整体修改。事实上，用户需求变化大部分是针对功能的，因此，这样的软件系统是不稳定的。

　　面向对象方法基于构造问题领域的对象模型，以对象为中心构造软件系统。它的基本做法是用对象模拟问题领域中的实体，以对象间的联系刻画实体间的联系。因为面向对象的软件系统的结构是根据问题领域的模型建立起来的，而不是基于对系统应完成的功能的分解，所以，当对系统的功能需求发生变化时并不会引起软件结构的整体变化，往往仅需要做一些局部性的修改。例如，从已有类派生出一些新的子类以实现功能扩充或修改，增加或删除某些对象等。总之，由于现实世界中的实体是相对稳定的，因此，以对象为中心构造的软件系统也是比较稳定的。

4. 较易开发高质量大型软件产品

　　当开发大型软件产品时，组织开发人员的方法不恰当往往是出现问题的主要原因。用面向对象范型开发软件时，可以把一个大型产品看做是一系列本质上相互独立的小产品来处理，这不仅降低了开发的技术难度，而且也使得对开发工作的管理变得容易多了。这就是为什么对于大型软件产品来说，面向对象范型优于结构化范型的原因之一。许多软件开发公司的经验都表明，当把面向对象技术用于大型软件开发时，软件成本明显地降低了，软件的整体质量也提高了。

5. 可维护性好

　　用传统方法和面向过程语言开发出来的软件很难维护，是长期困扰人们的一个严重问题，是软件危机的突出表现。采用面向对象思想设计的结构，可读性高，由于继承的存在，即使改变需求，维护也只是在局部模块，所以维护起来非常方便且成本较低。因此，面向对象方法所开发的软件可维护性好。

1.1.5　面向对象的分析方法

　　目前，面向对象开发方法的研究已日趋成熟，国际上已有不少面向对象产品出现。面向对象开发方法有 Coad 方法、Booch 方法和 OMT 方法等。面向对象分析大体上按照下列顺序进行：建立功能模型、建立对象模型、建立动态模型、定义服务。

1. 建立功能模型

　　功能模型从功能角度描述对象属性值的变化和相关的函数操作，表明了系统中数据之间的依赖关系以及有关的数据处理功能，它由一组数据流图组成。

　　建立功能模型首先要画出顶层数据流图，然后对顶层图进行分解，详细描述系统加工、数据变换等，最后描述图中各个处理功能。

2. 建立对象模型

　　复杂问题的对象模型由下述 5 个层次组成：主题层（也称为范畴层）、类-对象层、结构层、属性层和服务层。这 5 个层次很像叠在一起的 5 张透明塑料片，它们一层比一层显现出对象模型的更多细节。在概念上，这 5 个层次是整个模型的 5 张水平切片。

建立对象模型的步骤是：首先，确立对象类和关联，对于大型复杂的问题还要进一步划分出若干主题；然后，给类和关联增添属性，以进一步描述它们；最后，利用适当的继承关系进一步合并和组织类。

1) 确定类-对象

类-对象是在问题域中客观存在的，通过分析找出这些类-对象。

步骤 1：找出候选的类-对象

对象是对问题域中有意义的事物的抽象，它们既可能是物理实体，也可能是抽象概念，在分析所面临的问题时，可以参照几类常见事物，找出在当前问题域中的候选类-对象。

另一种更简单的分析方法，是所谓的非正式分析。这种分析方法以用自然语言书写的需求陈述为依据，把陈述中的名词作为类-对象的候选者，用形容词作为确定属性的线索，把动词作为服务（操作）候选者。用这种简单方法往往包含大量不正确的或不必要的事物，还必须经过更进一步的严格筛选。通常，非正式分析是更详细、更精确的正式面向对象分析的一个很好的开端。

步骤 2：筛选出正确的类-对象

非正式分析仅仅帮助我们找到一些候选的类-对象，接下来应该严格考察候选对象，从中去掉不正确的或不必要的，仅保留确实应该记录其信息或需要其提供服务的那些对象。筛选时主要依据下列标准，删除不正确或不必要的类-对象。

2) 确定关联

两个或多个对象之间的相互依赖、相互作用的关系就是关联。分析确定关联，能促使分析员考虑问题域的边缘情况，有助于发现那些尚未被发现的类-对象。

步骤 1：初步确定关联

在需求陈述中使用的描述性动词或动词词组，通常表示关联关系。因此，在初步确定关联时，大多数关联可以通过直接提取需求陈述中的动词词组而得出。通过分析需求陈述，还能发现一些在陈述中隐含的关联。最后，分析员还应该与用户及领域专家讨论问题域实体间的相互依赖、相互作用关系，根据领域知识再进一步补充一些关联。

步骤 2：自顶向下

把现有类细化成更具体的子类，这模拟了人类的演绎思维过程。从应用域中常常能明显看出应该做的自顶向下的具体化工作。例如，带有形容词修饰的名词词组往往暗示了一些具体类。但是，在分析阶段应该避免过度细化。

3) 定义结构

结构指的是多种对象的组织方式，用来反映问题空间中的复杂事物和复杂关系。这里的结构包括两种：分类结构与组装结构。分类结构针对的是事物的类别之间的组织关系，组织结构则对应着事物的整体与部件之间的组合关系。

使用分类结构，可以按事物的类别对问题空间进行层次化划分，体现现实世界中事物的一般性与特殊性。例如，在交通工具、汽车、飞机、轮船这几件事物中，具有一般性的是交通工具，其他则是相对特殊化的。因此，可以将汽车、飞机、轮船这几种事物的共有特征概括在交通工具之中，也就是把对应于这些共有特征的属性和服务放在"交通工具"这种对象之中，而其他需要表示的属性和服务则按其特殊性放在"汽车"、"飞机"、"轮船"这几种对象之中；在结构上，则按这种一般与特殊的关系，将这几种对象划分在两个层次中。

组织结构表示事物的整体与部件之间的关系。例如，把汽车看成一个整体，那么发动机、变速箱、刹车装置等都是汽车的部件，相对于汽车这个整体就分别是一个局部。

4）识别主题

对一个实际的目标系统，尽管通过对象和结构的认定对问题空间中的事物进行了抽象和概括，但对象和结构的数目仍然是可观的，因此，如果不对数目众多的对象和结构进行进一步的抽象，势必造成对分析结果理解上的混乱，也难以搞清对象、结构之间的关联关系，因此，引入主题的概念。主题是一种关于模型的抽象机制，它给出了一个分析模型的概貌。主题与对象的名字类似，只是抽象的程度不同。识别主题的一般方法是：为每一个结构或对象追加一个主题；如果当前的主题的数目超过了 7 个，就对已有的主题进行归并，归并的原则是，当两个主题对应的属性和服务有着较密切的关联时，就将它们归并成一个主题。

5）认定属性

属性是数据元素，用来描述对象或分类结构的实例。认定一个属性有 3 个基本原则：首先，要确认它对响应对象或分类结构的每一个实例都是适用的；其次，对满足第一个条件的属性还要考察其在现实世界中与这种事物的关系是不是足够密切；最后，认定的属性应该是一种相对的原子概念，即不依赖于其他并列属性就可以被理解。

3. 建立动态模型

当问题涉及交互作用和时序时，如用户界面及过程控制等，建立动态模型则是很重要的。具体过程如下。

（1）编写典型交互行为的脚本。脚本是指系统在某一执行期间内出现的一系列事件。编写脚本的目的，是保证不遗漏重要的交互步骤，它有助于确保整个交互过程的正确性和清晰性。

（2）从脚本中提取出事件，确定触发每个事件的动作对象以及接受事件的目标对象。

（3）排列事件发生的次序，确定每个对象可能有的状态以及状态间的转换关系。

（4）比较各个对象的状态，检查它们之间的一致性，确保事件之间的匹配。

4. 定义服务

通过对动态模型和功能模型的研究，能够更正确、更合理地确定每个类应该提供哪些服务。在确定类中应有的服务时，既要考虑类实体的常规行为，又要考虑在本系统中特殊需要的服务。包括：①考虑常规行为，在分析阶段可以认为类中定义的每个属性都是可以访问的，即假设在每个类中都定义了读、写该类每个属性的操作。②从动态模型和功能模型中总结出特殊服务。③应该尽量利用继承机制以减少所需定义的服务数目。

1.2　设计模式的基本概念

面向对象方法的出发点和基本原则，是尽可能模拟人类习惯的思维方式，使开发软件的方法与过程尽可能接近人类认识世界、解决问题的方法与过程，也就是使描述问题的问题空间与实现解法的解空间在结构上尽可能一致。面向对象程序设计是当前程序设计领域的主流方式，应用越来越广泛。但是，随着软件系统的日益庞大，面向对象设计的复杂性也开始体现出来。

面向对象设计最困难的部分是将系统分解成对象集合。因为要考虑许多因素：封装、粒度、依赖关系、灵活性、性能、演化、复用等，它们都影响着系统的分解，并且这些因素通常还是互相冲突的。设计的许多对象来源于现实世界的分析模型。但是，设计结果所得到的类通常在现实世界中并不存在。设计中的抽象对于产生灵活的设计是至关重要的。

设计模式（design pattern）是一套被反复使用、被众人共识、经过分类编目的代码设计经验的总结。使用设计模式是为了可重用代码、让代码更容易被他人理解、保证代码的可靠性。设计模式使代码编制真正工程化，设计模式是软件工程的基石。

设计模式由 Erich Gamma，Richard Helm，Ralph Johnson 和 John Vlissides 四人提出，又被称为 GOF（gang of four）设计模式，他们第一次将设计模式提升到理论高度，并将之规范化。

■ 设计模式

设计模式是面向对象设计中前人最有价值的经验总结，以便重用优秀的、简单的、经过验证的问题解决方案。设计模式实际上讨论的是在解决面向对象设计的某类问题时，应该设计哪些类，这些类之间应该如何通信。

设计模式使人们可以更加简单、方便地复用成功的设计和体系结构。将已证实的技术表述成设计模式也会使新系统开发者更加容易理解其设计思路。设计模式帮助作出有利于系统复用的选择，避免设计损害了系统的复用性。简而言之，设计模式可以帮助设计者更快、更好地完成系统设计。

现实中，不是解决任何问题都要从头做起。人们更愿意复用以前使用过的解决方案。当找到一个好的解决方案，就会在许多面向对象系统中看到类和相互通信的对象的重复模式。这些模式解决特定的设计问题，使面向对象设计更灵活、优雅，最终的复用性更好。它们帮助设计者将新的设计建立在以往工作的基础上，复用以往成功的设计方案。

设计模式采用多种方法解决面向对象设计者经常碰到的问题。

■ **设计模式帮助决定对象的粒度**

对象在大小和数目上变化极大。它们能表示下自硬件或上自整个应用的任何事物。设计模式很好地讲述了这个问题。

■ **设计模式帮助指定对象接口**

设计模式通过确定接口的主要组成成分及经接口发送的数据类型，来帮助定义接口。设计模式也许还会说明接口中不应包括哪些东西。设计模式也指定了接口之间的关系。

■ **设计模式要求针对接口编程，而不是针对实现编程**

不将变量声明为某个特定的具体类的实例对象，而是让它遵从抽象类所定义的接口。当不得不在系统的某个地方实例化具体的类（即指定一个特定的实现）时，可以运用创建型模式获得帮助。通过抽象对象的创建过程，这些模式提供不同方式以在实例化时建立接口和实现透明连接。创建型模式确保系统是采用针对接口的方式书写的，而不是针对实现而书写的。

■ **设计模式要求优先使用对象组合，而不是类继承**

对象组合是类继承之外的另一种复用选择。新的更复杂的功能可以通过组装或组合对象来获得。对象组合要求被组合的对象具有良好定义的接口。这种复用风格被称为黑箱复用（black-box reuse），因为对象的内部细节是不可见的。

继承机制既有优点，又有缺点。

优点：类继承是在编译时刻静态定义的，且可直接使用，因为程序设计语言直接支持类继承。类继承可以较方便地改变被复用的实现。子类可以继承父类的某些操作，也可以改写它们。

缺点：因为继承在编译时刻就定义了，所以无法在运行时改变从父类继承的实现。继承常被认为"破坏了封装性"。子类中的实现与它的父类有如此紧密的依赖关系，以至于父类实现中的任何变化必然会导致子类发生变化。如果继承下来的实现不适合解决新的问题，则父类必须重写或被其他更适合的类替换。这种依赖关系限制了灵活性并最终限制了复用性。一个可用的解决方法就是只继承抽象类，因为抽象类通常提供较少的实现。

对象组合是通过获得对其他对象的引用而在运行时刻动态定义的。组合要求对象遵守彼此的接口约定，进而要求更仔细地定义接口，而这些接口并不妨碍将一个对象和其他对象一起使用。这还会产生良好的结果：因为对象只能通过接口访问，所以我们并不破坏封装性；只要类型一致，运行时刻还可以用一个对象来替代另一个对象；更进一步，因为对象的实现是基于接口写的，所以实现上存在较少的依赖关系。对象组合对系统设计还有另一个作用，即优先使用对象组合有助于保持每个类被封装，并被集中在单个任务上。这样类和类继承层次会保持较小规模，并且不太可能增长为不可控制的庞然大物。另外，基于对象组合的设计会有更多的对象（而有较少的类），且系统的行为将依赖于对象间的关系而不是被定义在某个类中。

GOF 设计模式总结了 5 个设计原则及 23 个基本的设计模式，为面向对象程序设计提供了基本的参考基准。

1.3　设计模式的基本设计原则

1. 单一职责原则（single responsibility principle）

就一个类而言，应该仅有一个引起它变化的原因。如果一个类承担的职责过多，就等于把这些职责耦合在一起，一个职责的变化可能会削弱或者抑制这个类完成其他职责的能力。这种耦合会导致脆弱的设计，当变化发生时，设计会遭到意想不到的破坏。软件设计真正要做的许多内容，就是发现职责并把那些职责相互分离。

2. 开放-封闭原则（open/closed principle）

开放-封闭原则即软件实体（类、模块、函数等）应该可以扩展，但是不可修改。无论模块是多么的"封闭"，都会存在一些无法对之封闭的变化。既然不可能完全封闭，设计人员必须对于他设计的模块应该对哪种封闭变化作出选择。他必须先猜测出最有可能发生的变化种类，然后构造抽象来隔离那些变化，即面对变化，对程序的改动是通过增加新代码进行的，而不是修改现有的代码。开放-封闭原则是面向对象设计的核心所在。遵循这个原则可以带来面向对象技术所声称的巨大好处，也就是可维护、可扩展、可复用、灵活性好。开发人员应该仅对程序中呈现出频繁变化的那些部分做出抽象，然而对于应用程序中每个部分都刻意地进行抽象同样不是一个好主意。拒绝不成熟的抽象和抽象本身一样重要。

3. 依赖倒转原则（dependency inversion principle）

高层模块不应该依赖低层模块，两者都应该依赖抽象。抽象不应该依赖细节，细节应该依赖抽象。依赖倒转其实可以说是面向对象设计的标志，用哪种语言来编写程序不重要，如果编写时考虑的都是如何针对抽象编程而不是针对细节编程，即程序中所有的依赖关系都是终止于抽象类或者接口，那就是面向对象的设计，反之那就是过程化的设计了。

4. 里氏替换原则（liskov substitution principle）

这是一个针对行为职责可替代的原则，如果 S 是 T 的子类型，那么 S 对象就应该在不改变任何抽象属性的情况下替换所有 T 对象。只有当子类可以替换掉父类，软件单位的功能不受到影响时，父类真正被复用，而子类也能够在父类的基础上增加新的行为。

5. 接口分离原则（interface segregation principle）

这是用来解决胖接口问题的原则。接口很大很丰富，就要进行解耦切分，把一个接口切分为多个接口，把一个大的职责切分为小职责以及这些职责之间的协作交互。切分时必须依据高凝聚原则、单一职责进行切分。

1.4　基本设计模式简介

1.4.1　工厂方法模式

工厂方法（factory method）模式是最常用的模式，类似于创建实例对象 new。工厂方法模式的意义是定义一个创建产品对象的工厂接口，将实际创建工作推迟到子类当中。核心工厂类不再负责产品的创建，这样核心类成为一个抽象工厂角色，仅负责具体工厂子类必须实现的接口，这样进一步抽象化的好处是工厂方法模式可以使系统在不修改具体工厂角色的情况下引进新的产品。

工厂方法模式有一个抽象的 Factory 类（可以是抽象类和接口），这个类将不负责具体的产品生产，而是只制定一些规范，具体的生产工作由其子类去完成。在这个模式中，工厂类和产品类往往可以依次对应，即一个抽象工厂对应一个抽象产品，一个具体工厂对应一个具体产品，这个具体的工厂就负责生产对应的产品。

工厂方法模式的结构如图 1.6 所示。

（1）抽象工厂（creator）角色：是工厂方法模式的核心，与应用程序无关。任何在模式中创建的对象的工厂类必须实现这个接口。

（2）具体工厂（concrete creator）角色：这是实现抽象工厂接口的具体工厂类，包含与应用程序密切相关的逻辑，并且受到应用程序调用以创建产品对象。

（3）抽象产品（product）角色：工厂方法模式所创建的对象的超类型，也就是产品对象的共同父类或共同拥有的接口。

（4）具体产品（concrete product）角色：这个角色实现了抽象产品角色所定义的接口。某具体产品由专门的具体工厂创建，它们之间往往一一对应。

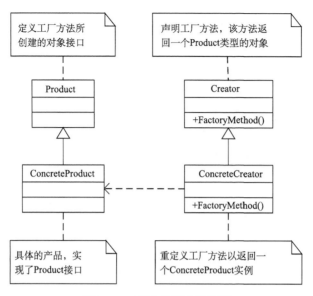

图 1.6 工厂方法模式结构图

工厂方法经常用在以下两种情况中。

第一种情况，是对于某个产品，调用者清楚地知道应该使用哪个具体工厂服务，实例化该具体工厂，生产出具体的产品来。

第二种情况，只是需要一种产品，而不想知道也不需要知道究竟是哪个工厂生产的，即最终选用哪个具体工厂的决定权在生产者一方，它们根据当前系统的情况来实例化一个具体的工厂返回给使用者，而这个决策过程对于使用者来说是透明的。

1.4.2 抽象工厂模式

抽象工厂（abstract factory）模式是指当有多个抽象角色时，使用的一种工厂模式。抽象工厂模式可以向客户端提供一个接口，使客户端在不必指定产品的具体的情况下，创建多个产品族中的产品对象。通过引进抽象工厂模式，可以处理具有相同（或者相似）等级结构的多个产品族中的产品对象的创建问题。由于每个具体工厂角色都需要负责两个不同等级结构的产品对象的创建，因此每个工厂角色都需要提供两个工厂方法，分别用于创建两个等级结构的产品。既然每个具体工厂角色都需要实现这两个工厂方法，所以具有一般性，不妨抽象出来，移动到抽象工厂角色中加以声明。

抽象工厂模式的结构如图 1.7 所示。

抽象工厂模式的优势包括以下 3 点。

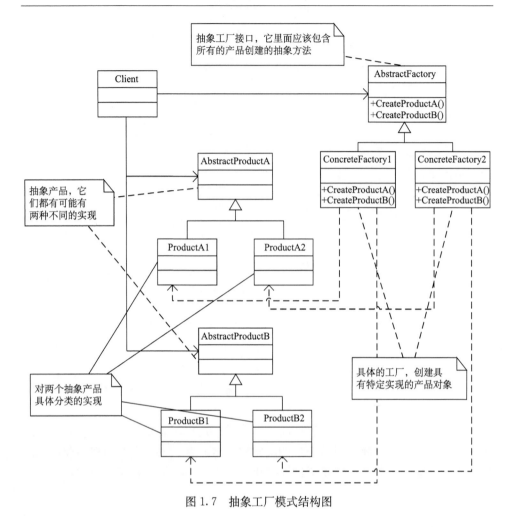

图 1.7　抽象工厂模式结构图

（1）分离了具体的类，抽象工厂模式可以帮助控制一个应用创建的对象的类，因为一个工厂具有封装创建产品对象的责任和过程。它将客户和类的实现分离，客户通过它们的抽象接口操纵实例，产品的类名也在具体工厂的实现中被分离，它们不出现在客户代码中。

（2）使产品系列容易交换，只要更换相应的具体工厂即可（经常用工厂方法来实现）。

（3）有利于产品的一致性，由抽象工厂创建的产品必须符合相同的接口，任何在子类中的特殊功能都不能体现在统一的接口中。

抽象工厂模式适用于以下几种情况。

（1）一个系统不应当依赖于产品类实例如何被创建、组合和表达的细节，这对于所有形态的工厂模式都是重要的。

（2）这个系统有多于一个的产品组合，而系统只需要使用其中某一产品组合。

（3）同属于同一个产品组合的产品是在一起使用的，这一约束必须在系统的设计中体现出来。

（4）系统提供一个产品类的库，所有的产品以同样的接口出现，从而使客户端不依赖于具体实现。

1.4.3 建造者模式

建造者（builder）模式将一个复杂对象的构建与它的表示分离，使得同样的构建过程可以创建不同的表示。建造者模式可以将一个产品的内部表象与产品的生成过程分割开来，从而可以使一个建造过程生成具有不同的内部表象的产品对象。

有些情况下，一个对象的一些性质必须按照某个顺序赋值才有意义，在某个性质没有赋值之前，另一个性质则无法赋值。这些情况使得性质本身的建造涉及复杂的商业逻辑。这时候，此对象相当于一个有待建造的产品，而对象的这些性质相当于产品的零件，建造产品的过程就是组合零件的过程。由于组合零件的过程很复杂，因此，这些"零件"的组合过程往往被"外部化"到一个称作建造者的对象里，建造者返还给客户端的是一个全部零件都建造完毕的产品对象。

建造者模式的结构如图 1.8 所示。

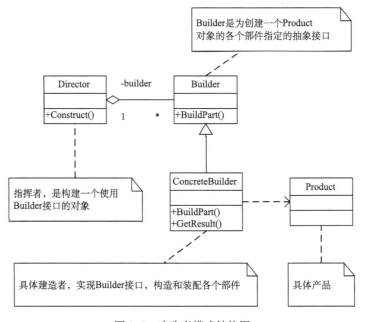

图 1.8 建造者模式结构图

　　Builder：为创建 Product 对象的各个部件指定的抽象接口。

　　ConcreteBuilder：实现 Builder 的接口以构造和装配该产品的各个部件，定义并明确它所创建的表示，并提供一个检索产品的接口。

　　Director：构造一个使用 Builder 接口的对象。

　　Product：表示被构造的复杂对象。ConcreteBuilder 创建该产品的内部表示并定义它的装配过程，包含定义组成部件的类，以及将这些部件装配成最终产品的接口。

　　建造者模式适用于以下几种情况。

　　(1) 需要生成的产品对象有复杂的内部结构。

　　(2) 需要生成的产品对象的属性相互依赖，建造者模式可以强迫生成顺序。

　　(3) 在对象创建过程中会使用到系统中的一些其他对象，这些对象在产品对象的创建过程中不易得到。

1.4.4　原型模式

　　原型（prototype）模式是一种创建型设计模式，原型模式允许一个对象再创建另外一个可定制的对象，根本无需知道任何如何创建的细节。工作原理是：通过将一个原型对象传给那个要发动创建的对象，这个要发动创建的对象通过请求原型对象拷贝它们自己来实施创建。原型模式结构如图 1.9 所示。

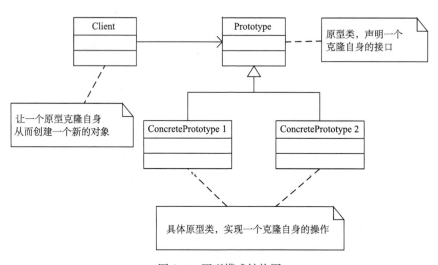

图 1.9　原型模式结构图

　　在 C#语言中，提供了 ICloneable 接口，其中有唯一的方法 Clone ()，只要实现这个接口就可以完成原型模式。

1.4.5　单例模式

单例（singleton）模式确保某一个类只有一个实例，而且自行实例化并向整个系统提供这个实例。这个类称为单例类。单例模式的要点有三个：一是某个类只能有一个实例；二是它必须自行创建这个实例；三是它必须自行向整个系统提供这个实例。单例模式结构如图 1.10 所示。

图 1.10　单例模式结构图

在 C#语言中，静态（static）方法是实现单例模式的关键要素。

1.4.6　装饰模式

装饰（decorator）模式是在不必改变原类文件和使用继承的情况下，动态的扩展一个对象的功能。它是通过创建一个包装对象，也就是装饰来包裹真实的对象。就增加功能来说，装饰模式比生成子类更为灵活。装饰模式结构如图 1.11 所示。

装饰模式以一种对客户端透明的方式动态的对对象增加功能，是继承的一种很好的替代方案。继承是一种面向对象语言特有的而且也是一种非常容易被滥用的复用和扩展的手段。继承关系必须首先符合分类学意义上的基类和子类的关系，其次继承的子类必须针对基类进行属性或者行为的扩展。继承使得修改或者扩展基类比较容易，但是继承也有很多不足：首先，继承破坏了封装，因为继承将基类的实现细节暴露给了子类；其次，如果基类的实现发生了变化，那么子类也就会跟着变化，这时候我们就不得不改变子类的行为，来适应基类的改变；最后，从基类继承而来的实现都是静态的，不可能在运行期（runtime）发生改变，这就使得相应的系统缺乏足够的灵活性。

因此，一般不使用继承来给对象增加功能，此时，装饰模式就是一种更好的选择了。这是因为：首先，装饰模式对客户端而言是透明的，客户端根本感觉不到是原始对象还是被装饰过的对象；其次，装饰者和被装饰对象拥有共同一致的接口，而且装饰者采用被装饰类的引用方式使用被装饰对象，这就使得装饰对象可以无限制、动态地装饰被装饰对象；最后，装饰对象并不知道被装饰对象是否被装饰过，这就使得面对任何被装饰的对象，装饰者都可以采用一致的方式去处理。

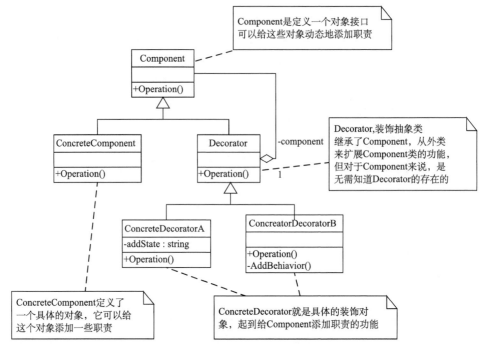

图 1.11　装饰模式结构图

1.4.7　适配器模式

适配器（adapter）模式是将一个类的接口转换成客户希望的另外一个接口。Adapter 模式使得原本由于接口不兼容而不能一起工作的那些类可以一起工作。适配器分为两种：类适配器与对象适配器，类适配器需要用到多重继承，所以使用较少。适配器模式结构如图 1.12 所示。

Client：客户端，调用自己需要的领域接口 Target；

Target：定义客户端需要的、跟特定领域相关的接口；

Adaptee：已经存在的接口，通常能满足客户端的功能需求，但是接口和客户端要求的特定领域接口不一致，需要被适配；

Adapter：适配器，把 Adaptee 适配称为 Client 需要的 Target。

当系统的数据和行为都正确，但接口不符时，可以使用适配器，目的是使控制范围之外的一个原有对象与某个接口匹配。适配器模式主要应用于希望复用一些现存的类，但是接口有与复用环境要求不一致的情况，如需要复用早期代码的一些功能。

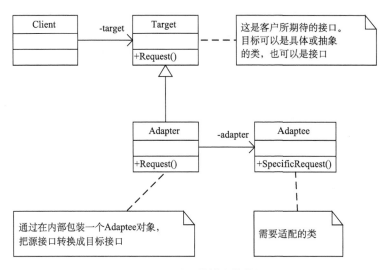

图 1.12　适配器模式结构图

1.4.8　桥接模式

　　桥接（bridge）模式将抽象部分与它的实现部分分离，使它们都可以独立地变化。将两个角色之间的继承关系改为聚合关系，就是将它们之间的强关联改换成弱关联。因此，桥梁模式中的所谓脱耦，就是指在一个软件系统的抽象化和实现化之间使用组合/聚合关系而不是继承关系，从而使两者可以相对独立地变化，这就是桥梁模式的用意。桥接模式结构如图 1.13 所示。

　　桥接模式使用"对象间的组合关系"解耦了抽象和实现之间固有的绑定关系，使得抽象和实现可以沿着各自的维度来变化。所谓抽象和实现沿着各自维度的变化，即"子类化"它们，得到各个子类之后，便可以任意它们，从而获得不同路上的不同"汽车"。桥接模式有时候类似于多继承方案，但是多继承方案往往违背了类的单一职责原则（即一个类只有一个变化的原因），复用性比较差。桥接模式是比多继承方案更好的解决方法。桥接模式的应用一般在"两个非常强的变化维度"，有时候即使有两个变化的维度，但是某个方向的变化维度并不剧烈，换言之两个变化不会导致纵横交错的结果，并不一定要使用桥接模式。

　　在以下 4 种情况下应当使用桥接模式。

　　（1）如果一个系统需要在构件的抽象化角色和具体化角色之间增加更多的灵活性，避免在两个层次之间建立静态的联系。

　　（2）设计要求实现化角色的任何改变不应当影响客户端，或者说实现化角色的改变对客户端是完全透明的。

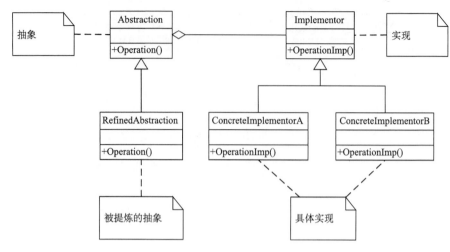

图 1.13　桥接模式结构图

（3）一个构件有多于一个的抽象化角色和实现化角色，系统需要它们之间进行动态耦合。

（4）虽然在系统中使用继承是没有问题的，但是由于抽象化角色和具体化角色需要独立变化，设计要求需要独立管理这两者。

1.4.9　组合模式

组合（composite）模式将对象组合成树形结构以表示"部分整体"的层次结构。组合模式使得用户对单个对象和组合对象的使用具有一致性。组合模式可以优化处理递归或分级数据结构。有许多关于分级数据结构的例子，使得组合模式非常有用武之地。关于分级数据结构的一个普遍性的例子是每次使用电脑时所遇到的文件系统。文件系统由目录和文件组成，每个目录都可以装内容，目录的内容可以是文件，也可以是目录。按照这种方式，计算机的文件系统就是以递归结构来组织的。如果想要描述这样的数据结构，那么可以使用组合模式。组合模式的结构如图 1.14 所示。

如果想要创建层次结构，并可以在其中以相同的方式对待所有元素，那么组合模式就是最理想的选择。

1.4.10　外观模式

外观（facade）模式为子系统中的各类（或结构与方法）提供一个简明一致的界面，隐藏子系统的复杂性，使子系统更加容易使用。它为子系统中的一组接口提供一个一致的界面。

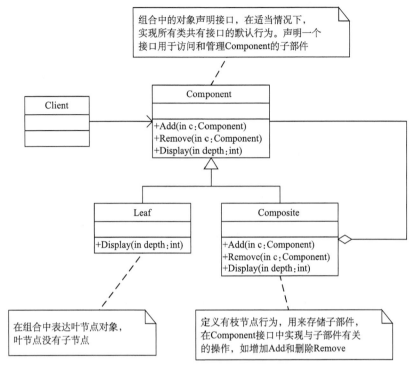

图 1.14　组合模式结构图

外观模式的结构如图 1.15 所示。

以下 3 种情况可以使用外观模式。

（1）当为一个复杂子系统提供一个简单接口时，子系统往往因为不断演化而变得越来越复杂。大多数模式使用时都会产生更多更小的类，这使得子系统更具可重用性，也更容易对子系统进行定制，但这也给那些不需要定制子系统的用户带来一些使用上的困难。外观模式可以提供一个简单的缺省视图，这一视图对大多数用户来说已经足够，而那些需要更多的可定制性的用户可以越过外观模式层。

（2）客户程序与抽象类的实现部分之间存在着很大的依赖性。引入外观模式将这个子系统与客户以及其他的子系统分离，可以提高子系统的独立性和可移植性。

（3）当需要构建一个层次结构的子系统时，使用外观模式定义子系统中每层的入口点，如果子系统之间是相互依赖的，可以让它们仅通过外观模式进行通信，从而简化了它们之间的依赖关系。

外观模式有以下一些优点。

（1）它对客户屏蔽子系统组件，因而减少了客户处理对象的数目并使得子系

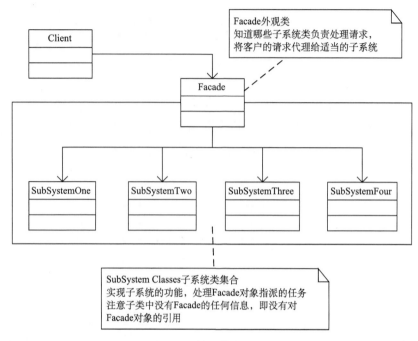

图 1.15　外观模式结构图

统使用起来更加方便。

（2）它实现了子系统与客户之间的松耦合关系，而子系统内部的功能组件往往是紧耦合的。松耦合关系使得子系统的组件变化不会影响到它的客户。外观模式有助于建立层次结构系统，也有助于对对象之间的依赖关系分层。外观模式可以消除复杂的循环依赖关系。这一点在客户程序与子系统分别实现的时候尤为重要。在大型软件系统中降低编译依赖性至关重要。在子系统类改变时，希望尽量减少重编译工作以节省时间。用外观模式可以降低编译依赖性，限制重要系统中较小的变化所需的重编译工作。外观模式同样也有利于简化系统在不同平台之间的移植过程，因为编译一个子系统一般不需要编译所有其他的子系统。

（3）如果应用需要，它并不限制它们使用子系统类。因此可以在系统易用性和通用性之间加以选择。

1.4.11　享元模式

享元（flyweight）模式运用共享的技术有效地支持大量细粒度的对象。它适合用于当大量物件只是重复而导致无法令人接受的使用大量内存中。通常物件中的部分状态是可以分享的。享元模式的结构如图 1.16 所示。

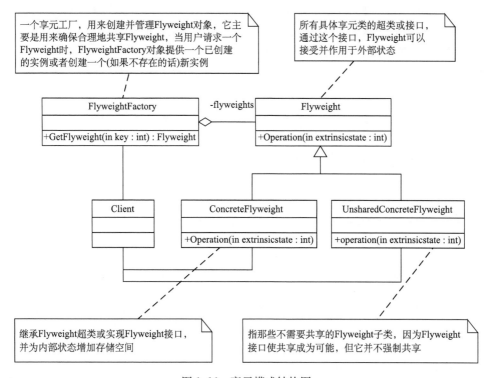

图 1.16　享元模式结构图

　　抽象享元（flyweight）角色：此角色是所有的具体享元类的超类，为这些类规定出需要实现的公共接口或抽象类。那些需要外部状态（external state）的操作可以通过方法的参数传入。抽象享元的接口使得享元变得可能，但是并不强制子类实行共享，因此并非所有的享元对象都是可以共享的。

　　具体享元（concrete flyweight）角色：实现抽象享元角色所规定的接口。如果有内部状态的话，必须负责为内部状态提供存储空间。享元对象的内部状态必须与对象所处的周围环境无关，从而使得享元对象可以在系统内共享。有时候具体享元角色又叫做单纯具体享元角色，因为复合享元角色是由单纯具体享元角色通过复合而成的。

　　复合享元（unsharable flyweight）角色：复合享元角色所代表的对象是不可以共享的，但是一个复合享元对象可以分解成为多个本身是单纯享元对象的组合。复合享元角色又称作不可共享的享元对象。这个角色一般很少使用。

　　享元工厂（flyweight factory）角色：本角色负责创建和管理享元角色。本角色必须保证享元对象可以被系统适当地共享。当一个客户端对象请求一个享元对象的时候，享元工厂角色需要检查系统中是否已经有一个符合要求的享元对象，如果已经有了，享元工厂角色就应当提供这个已有的享元对象；如果系统中没有一个适当的享元对象的话，享元工厂角色就应当创建一个新的合适的享元对象。

在以下两种情况下可以考虑使用享元模式。

（1）如果一个应用使用了大量的对象，而大量的这些对象造成很大的存储开销时。

（2）对象的大多数状态可以是外部状态，如果删除对象的外部状态，那么可以用相对较少的共享对象取代很多组对象。

1.4.12　代理模式

代理（proxy）模式为其他对象提供一种代理以控制对这个对象的访问。在某些情况下，一个对象不想或者不能直接引用另一个对象，而代理对象可以在客户端和目标对象之间起到中介的作用。代理模式的思想是为了提供额外的处理或者不同的操作而在实际对象与调用者之间插入一个代理对象。这些额外的操作通常需要与实际对象进行通信。

一般来说，代理可以分为以下几种。

（1）远程（remote）代理：为一个位于不同的地址空间的对象提供一个局域代表对象。这个不同的地址空间可以是在本机器中，也可是在另一台机器中。远程代理又叫做大使（ambassador）。好处是系统可以将网络的细节隐藏起来，使得客户端不必考虑网络的存在。客户完全可以认为被代理的对象是局域的而不是远程的，而代理对象承担了大部分的网络通信工作。由于客户可能没有意识到会启动一个耗费时间的远程调用，因此客户没有必要做思想准备。

（2）虚拟（virtual）代理：根据需要创建一个资源消耗较大的对象，使得此对象只在需要时才会被真正创建。使用虚拟代理模式的好处就是代理对象可以在必要的时候加载被代理的对象；代理可以对加载的过程加以必要的优化。当一个模块的加载十分耗费资源时，虚拟代理的好处就非常明显。

（3）安全代理：用来控制真实对象访问时的权限。

（4）智能指引：是指当调用真实对象时，代理处理另外一些事。例如，将对此对象调用的次数记录下来等。代理模式结构如图 1.17 所示。

1.4.13　解释器模式

解释器（interpreter）模式是给定一个语言，定义它的文法的一种表示，并定义一个解释器，这个解释器使用该表示来解释语言中的句子。解释器模式需要解决的是，如果一种特定类型的问题发生的频率足够高，那么可能就值得将该问题的各个实例表述为一个简单语言中的例子。这样就可以构建一个解释器，该解释器通过解释这些句子来解决该问题。解释器模式的结构如图 1.18 所示。

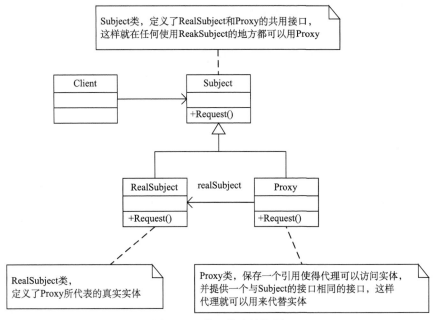

图 1.17 代理模式结构图

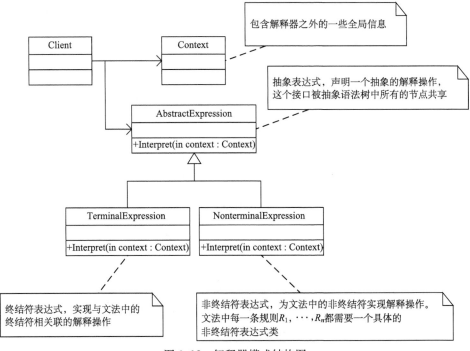

图 1.18 解释器模式结构图

使用解释器模式可以很容易地改变和扩展文法，因为该模式使用类来表达文法规则，可以使用继承来改变或扩展文法。使用该模式也比较容易实现文法，因为定义抽象语法树中各个节点的类的实现大体类似，这些类都易于直接编写。

1.4.14　责任链模式

责任链（chain of responsibility）模式是一种对象的行为模式。在责任链模式里，很多对象由每一个对象对其下家的引用而连接起来形成一条链。请求在这个链上传递，直到链上的某一个对象决定处理此请求。发出这个请求的客户端并不知道链上的哪一个对象最终处理这个请求，这使得系统可以在不影响客户端的情况下动态地重新组织链和分配责任。责任链模式结构如图 1.19 所示。

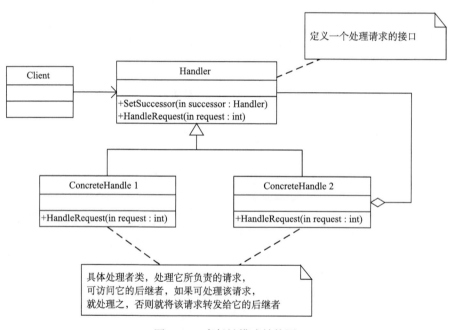

图 1.19　责任链模式结构图

在下面 3 种情况下使用责任链模式。

（1）当有多于一个的处理者对象处理一个请求，而且事先并不知道到底由哪一个处理者对象处理这一个请求，这个处理者对象是动态确定的。

（2）当系统想发出一个请求给多个处理者对象中的某一个，但是不明显指定是哪一个处理者对象会处理此请求。

（3）当处理一个请求的处理者对象集合需要动态地指定时。

　　责任链模式减少了发出命令的对象和处理命令的对象之间的耦合，它允许多于一个的处理者对象根据自己的逻辑来决定哪一个处理者最终处理这个命令。换言之，发出命令的对象只是把命令传给链结构的起始者，而不需要知道到底是链上的哪一个节点处理了这个命令。显然，这意味着在处理命令上，允许系统有更多的灵活性。哪一个对象最终处理一个命令可以根据那些对象参加责任链以及这些对象在责任链上位置的不同而有所不同。

1.4.15　命令模式

　　命令（command）模式将一个请求封装为一个对象，从而可用不同的请求对客户进行参数化；对请求排队或记录请求日志以及支持可撤销的操作。在软件系统中，行为请求者与行为实现者之间通常呈现一种紧耦合的关系。但在某些场合，如要对行为进行记录、撤销或重做、事务等处理时，这种无法抵御变化的紧耦合是不合适的。这种情况下，使用命令模式将行为请求者与行为实现者进行解耦。命令模式结构如图 1.20 所示。

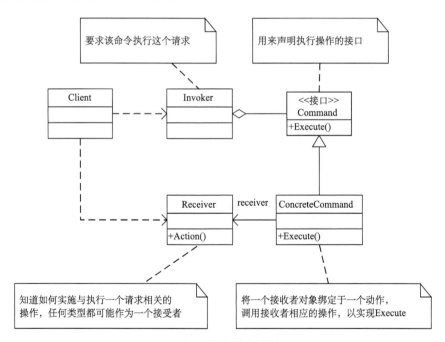

图 1.20　命令模式结构图

命令模式的优点有以下 6 点。

（1）它能较容易地设计一个命令队列。

（2）在需要的情况下，可以较容易地将命令记入日志。

（3）允许接收的一方决定是否要否决请求。

（4）可以容易地实现对请求的撤销与重做。

（5）由于加进新的具体命令类不影响其他的类，因此增加新的具体命令类很容易。

（6）把请求一个操作的对象与知道怎么执行一个操作的对象分割开。

1.4.16　迭代器模式

迭代器（iterator）模式提供一种方法访问一个容器（container）对象中的各个元素，而又不需暴露该对象的内部细节。迭代器模式结构如图 1.21 所示。

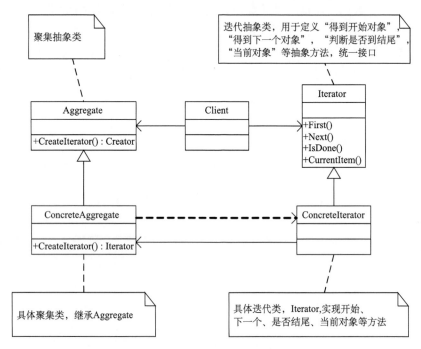

图 1.21　迭代器模式结构图

迭代器模式由以下角色组成。

（1）迭代器（iterator）角色：迭代器角色负责定义访问和遍历元素的接口。

（2）具体迭代器（concrete iterator）角色：具体迭代器角色要实现迭代器接口，并要记录遍历中的当前位置。

（3）容器（container）角色：容器角色负责提供创建具体迭代器角色的接口。

（4）具体容器（concrete container）角色：具体容器角色实现创建具体迭代

器角色的接口——这个具体迭代器角色与该容器的结构相关。

当需要访问一个聚集对象，而且不管这些对象是什么都需要遍历时，就应该考虑迭代器模式。.NET中的IEnumerable接口是为迭代器模式而准备的。

1.4.17 中介者模式

中介者（mediator）模式定义一个中介对象来封装系列对象之间的交互。中介者使各个对象不需要显示相互引用，从而使其耦合性松散，而且可以独立地改变它们之间的交互。中介者模式结构如图1.22所示。

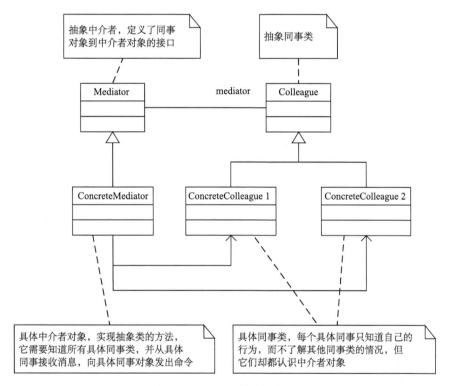

图1.22 中介者模式结构图

中介者模式适用于以下3种情况。

（1）一组对象以定义良好但是复杂的方式进行通信。产生的相互依赖关系结构混乱且难以理解。

（2）一个对象引用其他很多对象并且直接与这些对象通信，导致难以复用该对象。

（3）想定制一个分布在多个类中的行为，而又不想生成太多的子类。

1.4.18　备忘录模式

备忘录（memento）模式在不破坏封闭的前提下，捕获一个对象的内部状态，并在该对象之外保存这个状态，这样以后就可将该对象恢复到原先保存的状态。备忘录模式结构如图 1.23 所示。

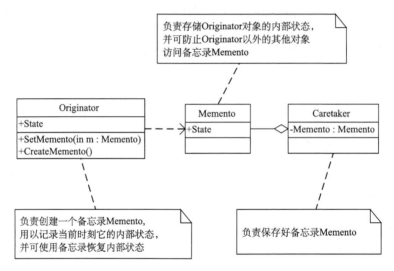

图 1.23　备忘录模式结构图

备忘录模式的优点包括以下 3 点。

（1）有时一些发起人对象的内部信息必须保存在发起人对象以外的地方，但是必须由发起人对象自己读取，这时使用备忘录模式可以把复杂的发起人内部信息对其他的对象屏蔽起来，从而可以恰当地保持封装的边界。

（2）本模式简化了发起人。发起人不再需要管理和保存其内部状态的一个个版本，客户端可以自行管理他们所需要的这些状态的版本。

（3）当发起人角色的状态改变的时候，有可能这个状态无效，这时候就可以使用暂时存储起来的备忘录将状态复原。

备忘录模式的缺点包括以下 3 点。

（1）如果发起人角色的状态需要完整地存储到备忘录对象中，那么在资源消耗上面备忘录对象会很昂贵。

（2）当负责人角色将一个备忘录存储起来的时候，负责人可能并不知道这个状态会占用多大的存储空间，从而无法提醒用户一个操作是否很昂贵。

（3）当发起人角色的状态改变的时候，这个协议有可能无效。如果状态改变的成功率不高的话，不如采取"假如"协议模式。

1.4.19 观察者模式

观察者 (observer) 模式又称为发布-订阅 (publish/subscribe) 模式。定义了一种多对多的依赖关系，让多个观察者对象同时监听一个主题对象。这个主题对象在状态发生变化时，会通知所有观察者对象，使它们能够自动更新自己。观察者模式结构如图 1.24 所示。

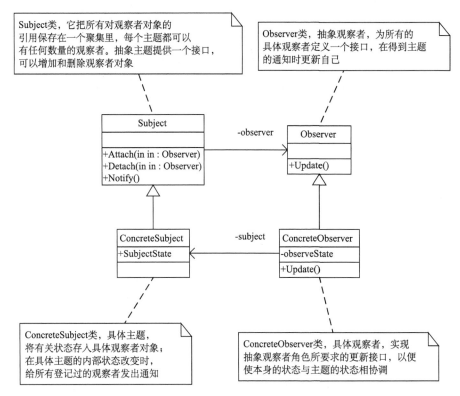

图 1.24 观察者模式结构图

以下 3 种情况适用于实现观察者模式。

（1）当抽象个体有两个互相依赖的层面时。封装这些层面在单独的物件内将允许程序设计师单独地去变更与重复使用这些物件，而不会产生两者之间交互的问题。

（2）当其中一个物件的变更会影响其他物件，却又不知道多少物件必须被同时变更时。

（3）当物件应该有能力通知其他物件，又不应该知道其他物件的实做细节时。

1.4.20　状态模式

状态（state）模式是当一个对象的内在状态改变时允许改变其行为，这个对象看起来像是改变了其类。状态模式主要解决的是当控制一个对象状态转换的条件表达式过于复杂的情况，把状态的判断逻辑转移到不同状态的一系列类当中。状态模式结构如图 1.25 所示。

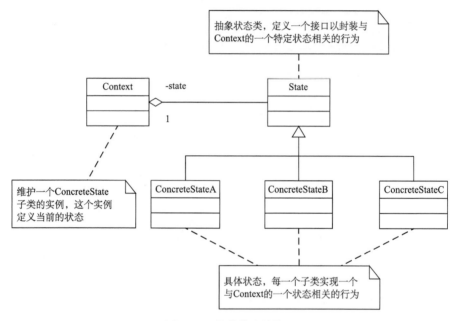

图 1.25　状态模式结构图

状态模式适用于下列情况。

（1）一个对象的行为取决于它的状态，并且它必须在运行时刻根据状态改变它的行为。

（2）一个操作中含有庞大的多分支结构，并且这些分支决定于对象的状态。

1.4.21　策略模式

策略（strategy）模式定义了一系列的算法，并将每一个算法封装起来，而且使它们还可以相互替换。策略模式让算法独立于使用它的客户而独立变化。策略模式结构如图 1.26 所示。

策略模式应用于下列 3 种情况。

（1）多个类只区别在表现行为不同，可以使用策略模式，在运行时动态选择

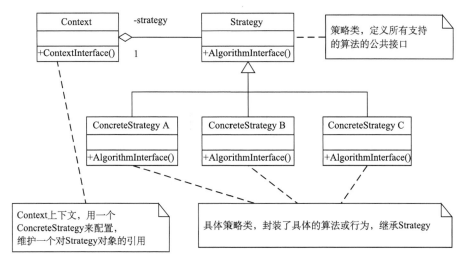

图 1.26　策略模式结构图

具体要执行的行为。

（2）需要在不同情况下使用不同的策略（算法），或者策略还可能在未来用其他方式来实现。

（3）对客户隐藏具体策略（算法）的实现细节，彼此完全独立。

策略模式的优点，包括以下 3 点。

（1）提供了一种替代继承的方法，既保持了继承的优点（代码重用）还比继承更灵活（算法独立，可以任意扩展）。

（2）避免程序中使用多重条件转移语句，使系统更灵活，并易于扩展。

（3）遵守大部分劳刺分配原则（general responsibility assignment software patterns，GRASP）和常用设计原则，高内聚、低耦合。

策略模式的缺点：因为每个具体策略类都会产生一个新类，所以会增加系统需要维护的类的数量。

1.4.22　访问者模式

访问者（visitor）模式表示一个作用于某对象结构中的各元素的操作。它可以在不改变各元素类的前提下定义作用于这些元素的新操作。从定义可以看出结构对象是使用访问者模式的必备条件，而且这个结构对象必须存在遍历自身各个对象的方法，类似于 C#语言当中的 Collection 概念。访问者模式结构如图 1.27 所示。

访问者模式把数据结构和作用于结构上的操作解耦合，使得操作集合可相对

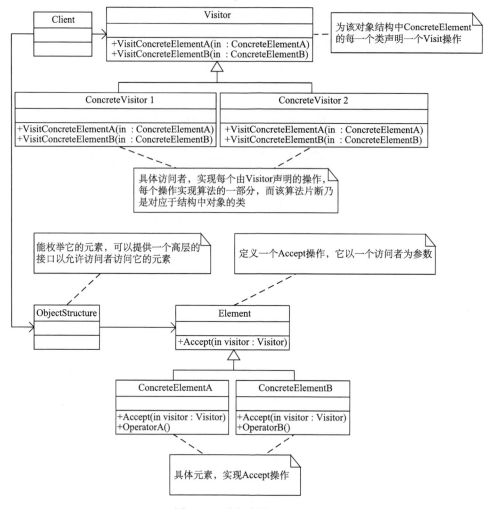

图 1.27　访问者模式结构图

自由地演化。访问者模式适用于数据结构算法相对稳定又易变化的系统,因为访问者模式使得算法操作增加变得容易。若系统数据结构对象易于变化,经常有新的数据对象增加进来,则不适合使用访问者模式。

访问者模式的优点是增加操作很容易,因为增加操作意味着增加新的访问者。访问者模式将有关行为集中到一个访问者对象中,其改变不影响系统数据结构。其缺点是增加新的数据结构很困难。

访问者模式适用于下列 4 种情况。

(1) 一个对象结构包含很多类对象,它们有不同的接口,而想对这些对象实施一些依赖于其具体类的操作。

（2）需要对一个对象结构中的对象进行很多不同的并且不相关的操作，而想避免让这些操作"污染"这些对象的类。访问者模式可以将相关的操作集中起来定义在一个类中。

（3）当该对象结构被很多应用共享时，用访问者模式让每个应用仅包含需要用到的操作。

（4）定义对象结构的类很少改变，但经常需要在此结构上定义新的操作。改变对象结构类需要重定义所有访问者的接口，这可能需要很大的代价。如果对象结构类经常改变，那么可能还是在这些类中定义这些操作比较好。

1.4.23　模板方法模式

模板方法（template method）模式定义一个操作中算法的骨架，而将一些步骤延迟到子类中。模板方法使得子类可以不改变一个算法的结构即可重定义该算法的某些特定步骤。模板方法模式结构如图 1.28 所示。

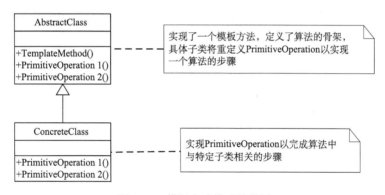

图 1.28　模板方式模式结构图

模板方法模式是一种非常基础性的设计模式，在面向对象系统中有着大量的应用。它用最简洁的机制（虚函数的多态性）为很多应用程序框架提供了灵活的扩展点，是代码复用方面的基本实现结构。

除了可以灵活应对子步骤的变化外，"不要调用我，让我来调用你"的反向控制结构是模板方法模式的典型应用。在具体实现方面，被模板方法模式调用的虚方法可以具有实现，也可以没有任何实现（抽象方法、纯虚方法），但一般推荐将它们设置为 Protected 方法。

第 2 章　开放式应用开发框架及插件

2.1　应用开发框架概述

框架（framework）是一个试图实例化说明的部分完整的软件（子）系统。它为一个（子）系统族定义体系结构并提供创建它们的基本构造块，它也定义具体功能特性需要改进的地方。应用开发框架可抽取特定领域中的共性问题，并部分或者全部地加以实现。在进行应用软件开发的时候，利用框架只需要集中精力完成系统的业务逻辑设计，它是对于一个软件系统的全部或部分的可复用设计。

框架面向特定领域，集成了主流复用技术，不仅为特定领域内共性问题的解决提供了统一的业务应用系统骨架，同时又提供了相应的机制来支持领域内变化性特征的隔离、封装和抽象，兼顾了系统的稳定性和灵活性，使软件具备了支持动态演化的能力。框架的出现改变了应用软件的开发模式，使软件能够像硬件一样动态定制，从而使软件具有更强的时空适应性。可以说，框架是可以通过某种回调机制进行扩展的软件系统或子系统的半成品。

随着软件产品功能的日益复杂，需要解决的问题的复杂度不断提高。因而，需要从几个方面对设计层面进行提升。

（1）提高软件的模块化程度；

（2）增强组件的封装性；

（3）尽量提高软件的可重用性，避免不必要的重复编码工作；

（4）不同功能模块之间能够无缝集成；

（5）软件具有灵活的可扩展性；

（6）软件产品的扩展与并发实现标准化；

（7）软件产品具有面向不同应用层面的适应性和易移植性。

因此，应用开发框架越来越被引入到软件结构设计中，成为软件开发的一种非常实用的编程规范和设计架构。应用开发框架具备以下特点。

1）模块化

应用框架可以从逻辑上划分为许多独立的模块，提高了应用的聚合性同时降低了耦合，各个独立模块通过统一的管理协议进行通信互动。应用框架在设计之初把应用分割成多个组件或模块，开发者可以采用各模块互不影响的方式使用应用框架，而不会受到框架其他组件潜在变化的影响，从而提高了开发效率；由于其根据模块划分，可以将开发工作分配到擅长该领域的开发人员，所以可以让软件的开发效率得到最大程度的提高。

2）可扩展性

可扩展性是应用框架的基本特征，使得应用框架开发下的应用程序具有自生长能力。应用框架提供了一个统一的上下文环境给具体的应用使用，其扩展性使我们能够基于一个平台实现不同的功能，能让开发者以"即插即用"的方式使用构成框架的组件，在特定的业务需要时，还能够改变组件。对于不同的业务应用，其特有的业务需求、结构以及实现方式也有差异，让框架来解决所有的这些具体的应用是不可能的，框架本身不是一劳永逸的方法，但是由于它采用了以"客户化"（customization）为驱动的设计思想，不同的业务应用在使用框架本身通用功能的同时，开发人员根据自己的业务逻辑和特有的业务需求，可以方便地插入自定义的功能，有增有减地制作应用程序。

3）可重用性

相似的功能时常会存在于不同的应用中，对于一个小组或者团队中的各个开发人员，往往在开发过程中都会按照自己的思路实现一遍，这必然造成了开发过程中人员和时间资源上的浪费，并且带来了一定程度的维护难度。然而，应用框架在设计之初就考虑了通用的代码和设计，将这些从应用层面提升到框架本身，解决了应用中代码重用的困难。

4）可维护性

当用户的需求发生变化后，应用程序本身能相应作出改变的程度称为可维护性，这种能力是由代码重用所引申出来的。由于不同的应用程序或某一个应用的不同模块之间时常会使用框架组件，然而，将这些框架组件独立出来，这样不仅让应用程序的维护成本降低，而且当发生需求变更时，开发人员只需要改变与该功能相关的组件即可。对于一个应用框架来说，可以将其划分成多个层次，而这些层次都会在一定程度上支持应用的需求。最底层是最通用的框架组件，它不与任何需求相关；越往上的层次，组件就与越多的需求相关联，也就导致对业务需求和规则的改变敏感。一旦需求改变时，只需要修改和维护与该需求相关层的组件即可。框架的这种层级设计，从根本上解决了需求变化时导致的一系列反应，因为只用修改和测试需求改变所影响到的那部分组件代码，也可使得应用系统易于维护。

5）过程可控度高

可以让业务开发人员专心从事业务代码的实现，而无需过多关注技术细节。各业务模块相对独立，模块内部业务相对单一，开发模式是确定的。将业务和技术分开，在业务开发中可以有效地降低技术实现的风险。

2.2　基于插件的开放式应用框架

2.2.1　插件的基本概念

20 世纪 60 年代开始出现的软件危机促使了软件复用技术的诞生。随着计算机硬件的飞速发展，爆炸性的软件需求推进了对软件复用理论和技术的研究。软件复用作为软件开发一次方法性的变革对当前软件生产方式和开发模式产生了深远影响。

插件（plugin）这个词最早来源于硬件技术，20 世纪 60 年代计算机硬件模块化，模块化的硬件插入计算机的设备框架中（如声卡插入主板），这些硬件称为插件，后来这一理念被引入到软件开发中。软件中的插件是一种遵循一定规范的 API（应用程序接口）或按 COM 接口编写出来的模块化程序，它能够"插入"到主应用系统中，对软件功能进行扩展和升级。

插件技术从本质上讲是一种软件集成技术。由软插件理论可知，软插件是一种具有一组外接插头（功能描述和外接消息以及相应的说明信息）的软件单元实体。它无法单独运行，只有在插件结构体系中被宿主程序识别、调用并进行数据通信和动作交互。宿主系统中支持插件的接口是完全开放的，因此可以按照此标准开发各自所需的插件。插件式的软件结构体系改变了传统的软件开发模式，大大提高了软件的生产效率。

插件技术把整个应用程序分成宿主程序和插件两个部分，宿主程序与插件能够相互通信，并且在宿主程序不变的情况下，可以通过增减插件或修改插件来调整和增强应用程序功能，能从应用系统中进行"热拔插"，对功能模块进行方便、安全的装卸，而不必重新编译整个系统，类似于计算机上的 USB 接口。与硬插件系统类似，软插件系统由总线（也称宿主程序）、接口和插件 3 部分组成，如图 2.1 所示。

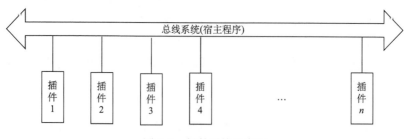

图 2.1　插件系统示意图

插件通过预先定制的接口连接到总线上。总线是一个总控程序，一般是一个线程，负责插件之间的通信和互操作，接口负责插件的设置、初始化、启动、关闭以及数据的传递工作。由于对插件接口制定了统一的规范，系统投入运行后，用户可以根据自己的需要制作插件，通过接口集成到系统中去。修改或淘汰某个插件时可以简单地将其卸载，而总控程序不用修改接口，如果总控程序正在运行、修改某个插件时，不用停止运行这个总控程序。通过这种技术，增强了系统的灵活性和可扩展性，降低了系统维护费用，延长了软件系统的生命周期。

插件是为了对应用程序的功能进行扩展而按一定规范编写的，能集成到已有系统中的程序模块。插件平台即宿主程序，是插件运行的环境，它负责插件的加载管理以及插件间的协同工作等任务。接口规范使得插件与插件平台能保持一致，它规定了为实现特定功能用户所必须遵守的规则，如插件必须实现的函数及这些函数的名称、参数信息、返回值的类型等信息。插件首先根据一定的规则注册到插件平台中，程序启动时，插件平台按照既定规则查找并加载已注册的插件，此后，插件平台创建与插件相关的界面元素并定义这些元素的行为。最后系统开始运行，由插件平台协调插件间的通信以及插件与插件平台间的通信。

2.2.2　插件的实现方法

目前实现插件的方法，大致上可分为以下几类。

1. 脚本式

脚本式就是使用某种语言把插件的程序逻辑写成脚本代码。这种语言可以是 Python，或是其他现存的已经经过用户长时间考验的脚本语言，甚至可以自行设计一种脚本语言来配合程序的特殊需要。当然，用当今最流行的 XML 是再合适不过的了。这种形式的特点在于，稍有点编程知识的用户就可以自行修改脚本，当然也可能造成不可预知的后果。

2. 动态函数库 DLL

插件功能以动态库函数的形式存在。主程序通过某种渠道（插件编写者或某些工具）获得插件函数签名，然后在合适的地方调用它们。

3. 聚合式

聚合式就是把插件功能直接写成 EXE。主程序除了完成自己的职责外，还负责调度这些"插件"。这使插件与插件之间，主程序与插件之间（主要是这一点）的信息交流困难了许多。

4. COM 组件

COM 是一种组件的二进制标准，它以 COM 接口作为不同组件之间的通信。插件需要做的只是实现程序定义的 COM 接口，主程序不需要知道插件是怎样实现预定的功能，它只需要通过接口访问插件，并提供主程序相关对象的接口。这样使得主程序与各插件之间的信息交流就变得异常简单，并且插件对于主程序来说是完全透明的。

5. . NET 方式

在 . NET Framework 中，. NET 的反射机制和接口技术是产生插件的便利方法。. NET 平台动态加载一个插件程序集（assembly）后，可以通过反射机制获得程序集中的类型信息，如果类型信息满足宿主程序的要求，宿主程序将使用对象动态生成技术，在内存中根据类型定义产生一个插件对象实例，并加载到插件池中。由于插件对象与宿主对象通过接口进行识别，而插件携带了两者互相通信所必需的属性和方法，因此宿主程序能够调用插件对象，插件对象也能够获取宿主程序的必要信息进行双向交互。在本书中，采用 . NET 的反射机制和接口技术实现插件，开发语言为 C#。

2.2.3　插件式应用框架

许多常用的软件都使用插件式框架体系结构，如 Office、AutoCAD、VS. NET、Eclipse，尤以 Eclipse 的框架结构著名，由于其具有开源、可扩展性，全球成千上万爱好者和商业软件公司都基于它开发了多种类型的插件，使 Eclipse 的功能变得更加丰富和强大，反过来也促进了自身的发展。

使用插件式框架机制的原因有：①无需重新编译和发布对程序功能进行扩展；②不需要在源码环境下为程序增加新功能；③能够灵活适应业务逻辑的不断变化和新规则的加入。

插件式应用框架使得在提供基本功能的前提下，应用系统的扩展以插件的方式实现，并使用框架进行统一管理，框架内部提供了宿主程序与插件之间及插件与插件之间的通信机制，插件式应用框架能够将扩展插件有机集成到一个平台中。

插件式应用框架一般包括 3 个部分。

（1）宿主：插件式应用框架的宿主程序提供了插件依附的环境，其负责解析插件对象并将插件对象事件进行委托关联，以生成各种按钮、工具、工具条、菜单等用户界面（UI）对象；解析插件程序集，提取其中包含的插件类型信息并负责将其生成相应的插件对象，并将这些插件对象存放在插件集合中转交给界面程序处理；通信契约是平台与插件相互认可的一种标准，以接口的形式存在，只有实现了规定接口的类型对象才能被认为是插件。

（2）插件：插件类型保存在插件程序集中，可以被插件引擎解析和宿主程序使用，是插件式框架功能的实现。

（3）附加程序库：为了辅助框架更好地运行而开发的各种工具集和类库。

一个使用插件结构的软件，是由一个可执行程序和许多完成子功能的插件组成，主要分为 3 个部分，如图 2.2 所示。

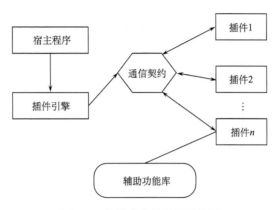

图 2.2　插件式应用框架结构图

（1）宿主程序：Windows 平台上一般表现为一个可执行的文件（一般为 EXE 文件），这个可执行文件负责启动整个系统，将插件系统所需的插件加载到自己的进程地址空间中，插件系统所需要的插件是一些服务性的插件，常驻进程之中。宿主程序还必须对插件进行管理，不同产品的服务性插件的设计都不完全相同，但是对插件进行管理的功能是一定要实现的。

（2）插件：能够动态地插入到系统中，提供给插件系统相对简单的功能，但是多个插件能够使系统功能完善，完成许多复杂功能的处理，这是插件系统的重要组成部分。在插件中必须提供给宿主程序调用的接口，当宿主程序需要调用插件的时候能够找到这个接口，以完成与宿主程序的通信与交互，并且使得宿主程序能够得到插件的相关信息。

（3）接口：宿主程序和插件若能够互相结合在一起工作，就必须有一套互相协作的规则和协议来使不同来源的程序互相协调工作，那么完成这些规则和协议的部分称为插件系统的接口。这是一个逻辑上的接口，由宿主程序和插件各完成一部分，插件的插入、调用、停止以及宿主程序与插件之间的交互则由它们共同完成。

第 3 章　开放式 GIS 应用开发框架

3.1　GIS 应用开发框架概述

开放式 GIS 应用开发框架提供了一组功能相似的应用程序的基本架构，为 GIS 应用提供通用的基本功能，通过在该框架内集成更多的功能，可以快速完成一个 GIS 应用程序的创建。GIS 应用框架设计的目标是解决 GIS 综合应用系统的信息互通、功能高度复用、数据高度共享和快速构建 GIS 应用系统，通过可视化的插件协同建模，快速构建 GIS 应用，全面提升集成能力，以达到面向 GIS 应用集成的中间件产品。在 GIS 应用中，数据始终是平台的核心，整个框架的设计是建立在以 GIS 应用数据的管理、处理和分析为目标的基础之上的。它以数据的获取、处理和分析为中心，通过空间数据存取引擎、查询统计引擎等一系列为提高系统数据处理质量和效率的功能模块的开发，实现平台以数据为驱动，以应用为最终目标。

具体来说，GIS 应用开发框架具有以下 3 个基本特征。

（1）提供应用程序需要的 GIS 基本功能和分析功能，并支持更复杂 GIS 分析处理功能的快速实现和集成。

（2）应用程序更多的功能可以快速、容易地在代码级别或二进制级别集成到 GIS 框架。GIS 功能无需其他独立应用程序，可以独立运行。

（3）具备快速开发和功能扩展能力。

基于上述要求，我们开发了一个基于插件的开放式 GIS 应用开发框架（open GIS application developing framework，OG-ADF），OG-ADF 框架除了具有一般的插件式开发框架的基本特点外，还具有以下新的特性。

1）完全开放

OG-ADF 是一个完全开放的框架，该框架的核心是一系列 Service，本框架的功能扩展包括插件的开发都依赖于这些服务。在应用系统中，开发者还可以添加新的服务到本框架中。本框架功能的扩展是依靠一系列插件来完成的，这些插件可以动态添加与卸载。

2）对象级精细粒度管理

OG-ADF 框架中维护了一个对象字典，无论是服务还是插件，都可以将对象添加到字典中，实现对象级精细粒度的通信与控制。

3）多平台集成

OG-ADF 框架采用文档-视图的模式，即以某 GIS 二次开发平台的可视化控件作为视图核心，围绕该核心建立统一接口的文档-视图对象，对该文档-视图对象提供的一系列接口进行统一操作，这样可以把不同的二次开发平台集成到本框架中，无论是 ArcGIS 平台还是 SuperMap 平台等。

4）多地图文档-视图

OG-ADF 框架支持多文档-视图，即可以同时打开多个地图文档-视图，每个文档-视图都能独立地加载数据，使用本框架提供的 GIS 工具和命令，并且这些文档-视图的类型可以是不同的。视图支持浮动式与标签式两种窗口。

5）内置核心服务及辅助开发库

OG-ADF 框架提供一系列核心服务，这些核心服务提供了强大的功能供开发者调用。另外，本框架提供一套辅助开发库，这些库提供 GIS 二次开发常用的功能模块，并且该库还在不断扩展中。

6）灵活的停靠（dock）风格的界面

基于 OG-ADF 框架，开发者可以方便、快速地开发停靠风格的用户界面。

3.2 框架用到的第三方组件

3.2.1 WeifenLuo 组件

WeifenLuo 组件是一个基于 C#语言的开源的软件项目，能提供停靠风格的用户界面，并且能将 Form 标签化显示或浮动显示。

项目地址：http：//sourceforge. net/projects/dockpanelsuite。

WeifenLuo 组件的两个主要的类如下。

（1）DockPanel 是继承自 Panel 的控件类，用于提供可停靠显示、标签化显示或浮动显示窗体的容器。

（2）DockContent 是从 Form 类继承，用于提供可浮动窗体的基类，即 DockContent 对象可以在 DockPanel 容器中任意停靠、浮动、标签化等。

WeifenLuo 组件的其他几个类如下。

（1）DockWindow：用来划分 DockPanel。在一个 DockPanel 上面还有几个 DockWindow 把 DockPanel 分成了几块。默认 DockPanel 用 DockWindow 创建 5 个区域，分别是 DockTop、DockButton、DockLeft、DockRight 和 Document，任何一个 DockPane 都隶属于这 5 个区域中的某一个。DockPanel 就是通过 DockWindow 来管理 DockPane 所在的位置的。

（2）DockPane：DockPanelSuit 的一个基本显示单元，最终用户看到的 UI

都是由 DockPane 组合而来的。

　　（3）FloatWindow：FloatWindow 与 DockPane 是同等的，不过 DockPane 附在 DockWindow 上，而 FloatWindow 是一个浮动窗体。DockPanel 管理着 FloatWindow 跟 DockPane 之间的转换，就是把 DockContent 从 FloatWindow 转到 DockPane 上，或者把 DockContent 从 DockPane 转到 FloatWindow 上显示出来。

　　DockPanel 使用的一个简单例子如下。

　　（1）新建一个 WinForm 工程，默认生成一个 WinForm 窗体 Form1；

　　（2）引用→添加引用→浏览→WeiFenLuo. WinFormsUI. Docking. dll；

　　（3）设置 Form1 窗体属性 IsMdiContainer = True；

　　（4）工具箱→右键→选择项→. net 组件→浏览→WeiFenLuo. WinFormsUI. Docking. dll→在工具箱出现 DockPanel；

　　（5）将 DockPanel 拖放到窗体 Form1 上，设置 Dock 属性，一般为 Fill；

　　（6）创建停靠窗体，新建一个 WinForm 窗体 Form2，在 Form2 窗体代码中修改窗体继承于 DockContent，代码如下：

using WeifenLuo. WinFormsUI. Docking

public partial class Form2：DockContent

　　（7）在主窗体中显示停靠窗体。

```
Private void Form1_Load(object sender, EventArgs e)
{
    Form2 form2 = newForm2();
    form2.Show(this.dockPanel1)
}
```

　　在 OG-ADF 框架中，我们对 WeifenLuo 组件的源代码进行了适当的扩展与修改以满足本框架的需要。

3.2.2　ToolBarDock 组件

　　ToolBarDock 组件是一个基于 C#语言的开源软件项目，能提供 Dock 风格的菜单条与工具条。

　　项目地址：http://www. codeproject. com/cs/menu/ToolBarDock. asp。

　　ToolBarDock 组件两个主要的类如下。

　　（1）ToolBarDockHolder：继承自 System. Windows. Forms. UserControl，用户容纳一个工具条；

　　（2）ToolBarManager 类：用于管理多个 ToolBarDockHolder。

　　在 OG-ADF 框架中，我们同样对 ToolBarDock 组件的源代码进行了修改扩展以适应本框架的需要。

3.3　OG-ADF 框架介绍

3.3.1　OG-ADF 框架总体结构

OG-ADF 框架是个多层次结构,整个开发框架及插件体系分为 4 个层次(图 3.1)。

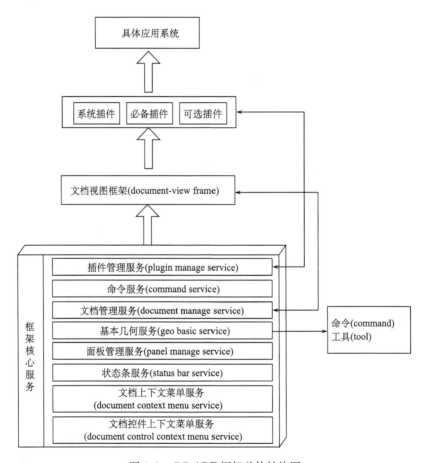

图 3.1　OG-ADF 框架总体结构图

1. 框架核心服务层

该层是整个框架体系的核心,为插件及应用程序提供服务,它们可以通过核心服务所提供的方法实现自己所需的功能并融合到框架中。这些核心服务包括以下几个方面。

■ **插件管理服务**（plugin manage service）

该服务主要提供插件的装载、卸载、查询等功能。

■ **命令服务**（command service）

该服务提供菜单、工具条的添加、插入、删除功能，插件可以通过该服务将自己的 UI 界面与整个框架 UI 界面无缝结合起来。

■ **文档管理服务**（document manage service）

该服务用于管理文档-视图框架中的文档新建、打开、关闭、删除、查询等。

■ **基本几何服务**（geo basic service）

该服务主要用于管理符合本框架规范的各个 GIS 命令（command）与 GIS 工具（tool），同时也提供一些常用的 GIS 几何功能。

■ **面板管理服务**（panel manage service）

该服务提供用户面板的添加、删除、显示、隐藏功能，使用户的对话框成为可停靠的面板，并设置停靠风格。

■ **状态条管理服务**（status bar service）

该服务提供工具条的访问功能。

■ **文档上下文菜单服务**（document context menu service）

该服务为每一个文档提供上下文菜单服务。

■ **文档控件上下文菜单服务**（document control context menu service）

该服务为每一个文档的主控件提供上下文菜单服务。

2. 文档-视图结构

文档-视图结构是针对 GIS 应用系统开发的特点而设计的。一般 GIS 应用系统是围绕可视化地图而建立的，地图数据可以被看做文档，地图的显示可以被看做视图，而地图的显示一般是利用 GIS 二次开发平台提供的控件来实现的。文档-视图的结构如图 3.2 所示。

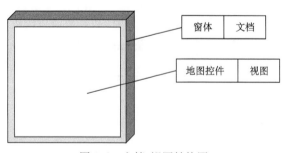

图 3.2　文档-视图结构图

通过 DocumentManageService 提供的方法，可以很容易新建、打开一个地图文档-视图。一个文档-视图是围绕地图控件来建立的，如 ArcEngine 的 Map-

Control 控件或 Scene 控件，文档-视图框架对地图控件的事件与方法做了统一的封装，通过一系列接口重新暴露出来，不同的地图控件被封装到不同的文档-视图框架中，再由 DocumentManageService 进行统一的文档-视图管理。DocumentManageService 能同时管理多个文档-视图，当然也能同时管理多个不同类型的文档-视图。因此，在本框架下，可以很容易地开发出多文档-视图的应用，即多个地图视图的应用，大大丰富了应用系统的表现能力。

3. 插件

通过插件，既可以方便扩展框架核心服务与文档-视图框架的服务能力，又便于应用系统以标准"预制件"的方式快速完成基本的架构并能以插件的形式灵活扩展。

在 OG-ADF 框架中，插件分为 3 类。

■ 系统插件

该类插件主要用于框架核心服务与文档-视图框架的扩展，属于框架级开发，与应用系统开发者无关。

■ 必备插件

开发某类应用所必需的插件，可以方便扩展该类应用的功能，对该类应用来说，这些插件是必须加载的，但是应用开发者可以自行开发出相应的插件来替换它。

■ 可选插件

对某一个具体的应用系统，该类插件可以动态加载，以扩展功能，也可以动态卸载，实现系统功能的自由定制。

4. 具体应用系统

具体应用系统通过调用框架核心服务，围绕文档-视图框架来建立。也可以开发符合本框架规范的插件来实现应用系统的功能。基于本框架的应用系统，许多 GIS 基本功能都已由本框架实现，开发者只需注重业务逻辑功能的实现，就可以减轻开发负担，但用户界面受限于框架本身，无法实现比较个性化的界面。

3.3.2　框架的核心——PLGApplication

基于 OG-ADF 框架开发的应用系统都是围绕一个 PLGApplication 类型的对象而建立的，该对象采用单例模式创建，即整个应用系统只能有一个该对象的实例。用以下语句可以得到这个对象唯一的、全局的实例：

```
IPLGApplication application = PLGApplication.GetInstance();
```

该对象实现了 IPLGApplication 接口与 IPLGApplicationUI 接口，如图 3.3 所示。

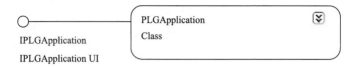

图 3.3　PLGApplication 类图

IPLGApplication 接口与 IPLGApplicationUI 接口的定义如下：

```
public enum PLGApplicationType          //应用系统类型
{
    MultiDocument = 0,                  //多文档类型
    SingleDocument = 2                  //单文档类型
}


public interface IPLGApplication
{
    string Title { get; set;}
    object AppFrame { get; set;}
    object AppToolBarManager { get; set;}
    object AppPanelManager { get; set; }
    long ServiceCount { get; }
    long ObjectCount { get; }
    void InitService();
    void ExitApplication();
    void AddService(Type serviceType, Object serviceInstance);
    void RemoveService(Type serviceType);
    ObjectGetService(Type serviceType);

    // Get several foundational services in application frame directly.
    IDocumentManageService GetDocumentManageService();
    ICommandService GetCommandService();
    IGeoBasicService GetGeoBasicService();
    IPluginManageService GetPluginManageService();
    IPanelManageService GetPanelManageService();
    IStatusBarService GetStatusBarService();
    IDocumentContextMenuService GetDocumentContextMenuService();
    IDocumentControlContextMenuService GetDocumentControlContextMenuService();

    void AddDictionary(String key, Object obj);
```

```
        Object GetInstance(String key);
        void RemoveInstance(String key);
        bool CheckKey(String key);
    }


        public interface IPLGApplicationUI
    {

        void ListApplicationMetaData();
        void ManagePlugin();
    }
```

在 IPLGApplication 接口中定义了一系列的属性与方法，下面对几个重要的属性与方法进行介绍。

（1）Title 属性：该属性可以用来设置应用程序的标题。

（2）AppFrame 属性：用户可以通过该属性访问应用程序的主窗体对象，如 Form mainForm ＝ application. AppFrame as Form.

（3）AppToolBarManager 属性：用户可以通过该属性访问可停靠工具条管理器对象（tool bar manager），如

```
ToolBarManager tbm = application.AppToolBarManager as ToolBarManager.
```

利用 ToolBarManager 对象提供的方法，用户可以对每个工具条的显示与停靠位置进行控制。application. AppToolBarManager 属性实际上是 ToolBarManager 类的一个实例。

（4）AppPanelManager 属性：用户可以通过该属性访问面板（panel）管理器对象（dock panel），如

```
DockPanel dockPanel = application.AppPanelManager as DockPanel.
```

利用 DockPanel 对象提供的方法，用户可以对每个面板的显示与停靠风格进行控制。application. AppPanelManager 属性实际上是 DockPanel 类的一个实例。

（5）AddService，GetService，RemoveService 方法：用于管理框架核心服务，通过这些方法，可以方便扩展整个框架的服务能力。在本框架中，CommandService 等几个核心服务已默认添加进来，开发者可以利用 AddService，GetService，RemoveService 这几个方法将自己实现的核心服务替换它们。以下代码替换了框架中的 CommandService：

```
application.RemoveService(typeof(ICommandService));
application.AddService(typeof(ICommandService), serviceObj).
```

GetCommandService，GetDocumentManageService 等一系列方法用于直接从框架中得到所需要的服务，如下面两行代码是等价的，都可以得到 Command-Service。

```
ICommandService pCommandService = application.GetCommandService();

ICommandService pCommandService = application.GetService(typeof(ICommandService))
as ICommandService.
```

（6）AddDictionary，GetInstance，RemoveInstance，CheckKey 方法：用于管理框架中的各种对象实例，关于框架中对象的管理，将在 3.3.3 节详细介绍。

3.3.3　框架中对象的管理

在 OG-ADF 框架方式开发的应用系统中，存在各类对象，包括：菜单项、工具条、工具条按钮、对话框、状态条等。从开放的角度来说，后续的插件需要访问到这些对象。

在本框架内部，维护有一个对象字典，每一个要被访问的对象都可以通过一个关键字 key 查找到。字典的类型定义如下：

```
Dictionary<String, Object> m_ObjectDictionary = new Dictionary<String, Object>();
```

该字典的 key 类型是字符串，key 在字典中必须是唯一的。由于本框架的开放性，随时会有新的插件或服务加入进来，在 key 命名上本书不作硬性规定，读者及其开发小组可以自行设计一种尽量保证 key 唯一性的方法命名，如采用 UUID 等。

本书中 key 的命名方法为：Namespace ＋ "." ＋ ObjectName，即每个开发者给自己定一个命名空间（name space），所有的 key 都包含这个 Namespace，再用 "." 作分割符，逐层给对象命名。例如，本框架的命名空间为：OUNCE. PLG。

有一个工具条对象，在该工具条下有一个命令按钮，则它们 key 的命名为：

（1）工具条，OUNCE . PLG . ExampleToolBar；

（2）工具按钮，OUNCE . PLG . ExampleToolBar . DoSomething。

IPLGApplication 接口的 AddDictionary，GetInstance，RemoveInstance，CheckKey 方法用于管理系统字典中的对象。

（1）AddDictionary，将一个对象加入到系统字典中；

（2）GetInstance，从系统字典中根据 key 得到一个对象的实例；

（3）RemoveInstance，将关键字为 key 的对象从字典中删除；

（4）CheckKey，检查关键字为 key 的对象是否在字典中存在。

例如，要得到一个 key 为 OUNCE. PLG. Example 的对象，可用如下语句：

```
Object obj = application.GetInstance("OUNCE.PLG.Example");
```

只要知道对象的关键字 key，都可以从字典中查到并访问。

调用 IPLGApplicationUI 接口的 ListApplicationMetaData 方法，可以显示如图 3.4 所示的对话框，该对话框中会列出系统字典中所有对象的关键字和类型。

```
IPLGApplicationUI pApplicationUI = application as IPLGApplicationUI;
pApplicationUI.ListApplicationMetaData()
```

图 3.4　对象管理对话框

3.3.4　框架应用的开始——PLGAppMainForm

PLGAppMainForm 类是 OG-ADF 框架提供的一个创建应用系统的起点，继承自 Form 类。PLGAppMainForm 是由本框架提供的创建应用主窗体的基类，即基于本框架的应用系统的主窗体类都应继承自 PLGAppMainForm。

在 PLGAppMainForm 类中，初始化了 PLGApplication 对象以及提供框架核心服务的各个对象，开发者不需要再初始化它们了，可直接使用。PLGApp-MainFom 类的主要代码如下：

```
public partial class PLGAppMainForm : Form
{
    //设置应用系统类型
    private PLGApplicationType m_applicationType = PLGApplicationType.SingleDocument;
    private static IPLGApplication m_application = null;
    private ToolBarManager m_toolBarManager;        //可停靠工具条管理器对象
    public PLGAppMainForm()
    {
        InitializeComponent();
        m_toolBarManager = newToolBarManager(this, this);
    }
    public PLGAppMainForm(PLGApplicationType applicationType)
    {
        InitializeComponent();
        m_applicationType = applicationType;
        m_toolBarManager = newToolBarManager(this, this);
    }
    private void PLGAppMainForm_Load(object sender, EventArgs e)
    {
        dockPanel.DocumentStyle = (DocumentStyle)m_applicationType;
        //初始化 PLGApplication 对象实例.
        m_application = newOUNCE.PLG.PLGBaseClass.PLGApplication();
        //全局化 m_application 对象.
        PLGApplication.Application = m_application;
        //设置 AppFrame 属性,使得应用可以通过全局 PLGApplication 对象访问到本窗体
        m_application.AppFrame = this as Object;
        //设置 AppToolBarManager 属性,使得应用可以通过全局 PLGApplication 访问该属性.
        m_application.AppToolBarManager = this.m_toolBarManager as object;
        //设置 AppToolBarManager 属性,使得应用可以通过全局 PLGApplication 访问该属性.
        m_application.AppPanelManager = this.dockPanel as object;
        m_application.InitService();
    }
}
```

　　基于 OG-ADF 框架，建立一个简单的例子（例 1），步骤如下。

　　（1）在 Visual Studio10.0 开发环境中，选择 C#语言，新建一个 Windows Form Application 类型的工程。

　　（2）在 Bin 文件夹下，找到 PLGFrame. dll、PLGBaseClass. dll、WinFormsUI. dll 作为引用添加到工程中。

（3）打开 Programm. cs 文件。

将 Application. Run（new MainForm（））语句修改为

```
Application.Run(new MainForm(PLGApplicationType.MultiDocument));        //建立一个
多文档应用
```

（4）打开 MainForm. cs 文件。

将 public partial class MainForm：Form 语句修改为

```
public partial class MainForm：PLGAppMainForm              //改变 MainForm 的基类
```

添加一个构造函数：

```
public MainForm(PLGApplicationType applicationType)：base(applicationType)
{
    InitializeComponent();
}
```

PLGAppMainForm 是本框架提供的主窗体函数基类，在该基类中，已初始化了 PLGApplication 对象以及提供本框架核心服务的各个对象，开发者就不需要再初始化它们了。

（5）在 MainForm 的 OnLoad 事件中加入以下代码。

```
private void MainForm_Load(object sender, EventArgs e)
{
    // 加入该行代码是为了避免调试程序时出现的跨线程错误
    System.Windows.Forms.Control.CheckForIllegalCrossThreadCalls = false;
    //得到插件管理服务,Application 属性是从 PLGAppMainForm 继承得到
    IPluginManageService pPluginManageService = Application.GetPluginManageService();
    //插件装载事件处理,该事件由 PluginManageService 在装载插件时产生
    pPluginManageService.OnLoadPlugin + = newLoadPluginEventHandler(OnLoadPlugin);
    this.Text = "OG-ADF 示例";

    //需要根据具体安装路径修改此行
    string strPluginPath = @"D:\Plugin_book\Bin\Debug\Plugin\";
    Application.GetPluginManageService().LoadPlugin("PLGStarterPlugin",
    strPluginPath + "\\PLGStarterPlugin.dll");
}
```

其中,PLGStarterPlugin.dll 是由本框架提供的系统级插件,该插件主要功能是为系统创建一个可浮动的主菜单与主工具条,其关键字分别为:OUNCE.PLG.

MainMenu 与 OUNCE.PLG.MainToolbar，可以通过 IPLGApplication 接口的 GetInstance 方法以关键字为参数得到这两个对象，在实际系统开发中，开发者可以根据需要重写这个插件。

　　这个例子代码完成后，运行结果如图 3.5 所示。

图 3.5　例 1 运行结果示意图

3.4　OG-ADF 框架的核心服务

　　OG ADF 框架的核心是 一系列服务，这些服务能帮助开发者快速开发应用系统，并且所开发的功能要融入到本框架中，也必须借助这些服务。本节将详细介绍这些核心服务。

3.4.1　PluginManageService

　　PluginManageService 主要提供插件的装载、卸载、查询等功能。通过 PLGPluginManageService 类实现（图 3.6），PLGPluginManageService 类继承自 PLGServiceBase 类，PLGServiceBase 类是实现 IPLGService 接口的抽象基类，PLGPluginManageService 类实现了 IPluginManageService 接口。该接口的几个主要方法如下。

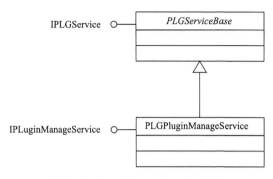

图 3.6　PluginManageService 类图

（1）LoadPlugin 方法：该方法负责把一个插件 dll 文件装载到系统中。

（2）UnloadPlugin 方法：该方法负责卸载一个插件。

（3）LoadAllPlugin 方法：该方法负责从插件配置 XML 文件中装载所有的插件。

（4）GetPluginInstance 方法：该方法负责根据插件的名字，获取一个插件实例的实例对象。

（5）LoadAllPlugin 方法：该方法负责从插件配置 XML 文件中装载所有的插件。

（6）IsInApplication 方法：该方法负责判断一个插件是否在系统中。

（7）ExportToXML 方法：该方法负责将当前系统中的插件配置输出到一个 XML 文件中。

PLGApplication 对象通过 IPLGApplicationUI 接口提供了一个插件管理对话框（图 3.7），用于动态加载、卸载插件。该对话框由 IPLGApplicationUI 接口提供，调用代码如下：

```
IPLGApplicationUI pApplicationUI = application as IPLGApplicationUI;
pApplicationUI.ManagePlugin()
```

3.4.2　CommandService

CommandService 提供菜单、工具条的添加、插入、删除功能，插件可以通过该服务将自己的 UI 界面与整个框架 UI 界面整合起来。

OG-ADF 框架直接基于 Visual Studio 提供的 ToolStrip 系列控件在 PLG-CommandService 类实现了该服务，并且增加了浮动停靠功能。

该服务涉及的相关对象较多，有 PLGMenuBar、PLGToolBar、PLGContextMenuBar、PLGCommandItem，如图 3.8 所示。这些对象主要是对 Vistual

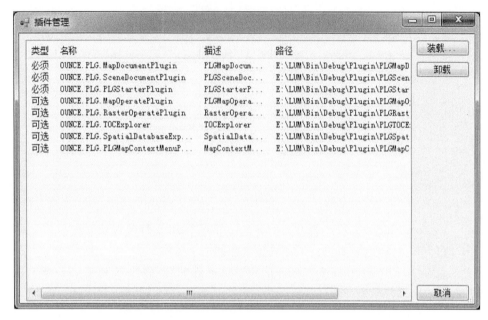

图 3.7 插件管理对话框

Studio 的 ToolStrip 系列控件进行了封装，这些对象实现框架定义的接口。如果打算用第三方控件，如 Janus，DevExpress 实现 ComandService，则只需要重写这些对象，实现预定义的接口而已，整个 CommandService 的用户界面也随之改变。

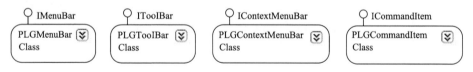

图 3.8 CommandService 中用到的对象

（1）PLGMenuBar 类：实现了 IMenuBar 接口，封装了有关菜单条的访问操作。其中 MenuBar 属性返回的其实是一个 MenuStrip 类型的对象。

（2）PLGToolBar 类：实现了 IToolBar 接口，封装了有关工具条的访问操作。其中 ToolBar 属性返回的其实是一个 ToolStrip 类型的对象。

（3）PLGContextMenuBar 类：实现了 IContextMenuBar 接口，封装了有关上下文菜单的访问操作。其中 ContextMenuBar 属性返回的其实是一个 ContextMenuStrip 类型的对象。

（4）PLGCommandItem 类：实现了 ICommandItem 接口，其实是将多种类

型的 ToolStripItem 统一封装起来，如图 3.9 所示。根据 CommandItemType 属性的值，其 Item 属性可以返回对应的 ToolStripItem 类型的对象，如 ToolStripLabel、ToolStripMenuItem、ToolStrip-Button 等。通过 ICommandItem 接口，开发者可以设置其文本、图像、提示文本、事件处理函数等。

PLGCommandService 类如图 3.10 所示，实现了 ICommandService 接口与 IEventHandleManager 接口。IEventHandleManager 接口在 6.3 节会介绍。ICommandService 接口中的方法较多，主要是增加、删除菜单项与工具项，此处不再一一赘述。

图 3.9　CommandItem 类型

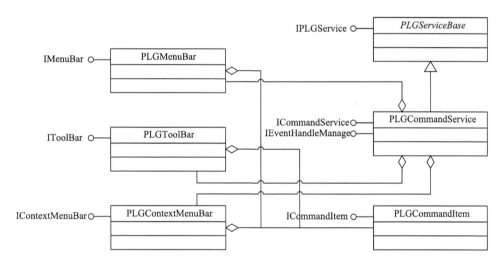

图 3.10　PLGCommandService 类图

下面通过例 2 说明 CommandService 的使用。例 2 是在例 1 的基础上，利用 CommandService 的方法添加菜单项及工具条。在 Bin 文件夹下，找到 PLGMap-Frame.dll、PLGSceneFrame.dll 作为引用添加到工程中。代码如下：

```
using OUNCE.PLG.PLGMapFrame;
using OUNCE.PLG.PLGSceneFrame;

private void AddMenuTool()
{
    // 得全局唯一 PLGApplication 对象实例
```

```
IPLGApplication application = PLGApplication.GetInstance();
ICommandService pCommandService = application.GetCommandService();

//向 key 为 OUNCE.PLG.MainMenu 的菜单条添加菜单项,该菜单条在 PLGStarter.dll 插件中已
  被创建,这里可以直接访问使用。
ICommandItem coFile = new PLGCommandItem(CommandItemType.Menu, "OUNCE.PLG.
File", "文件", "", null, null);
ICommandItem[] coFiles = new ICommandItem[6];
coFiles[0] = new PLGCommandItem(CommandItemType.Menu, "OUNCE.PLG.File.New");
coFiles[0].Text = "新建地图文档";
coFiles[1] = new PLGCommandItem(CommandItemType.Menu, "OUNCE.PLG.File.New3D");
coFiles[1].Text = "新建 3D 地图文档";
coFiles[2] = new PLGCommandItem(CommandItemType.Menu, "OUNCE.PLG.File.Open");
coFiles[2].Text = "打开文档";
coFiles[3] = new PLGCommandItem(CommandItemType.Menu, "OUNCE.PLG.File.Close");
coFiles[3].Text = "关闭文档";
coFiles[4] = new PLGCommandItem(CommandItemType.Separator, "OUNCE.PLG.Separator");
coFiles[5] = new PLGCommandItem(CommandItemType.Menu, "OUNCE.PLG.File.Exit");
coFiles[5].Text = "退出";

//将 key 为 OUNCE.PLG.File 的菜单项添加到 key 为 OUNCE.PLG.MainMenu 的菜单条中
pCommandService.AddMenuItem("OUNCE.PLG.MainMenu", coFile, -1);
//将一个下拉菜单添加到 key 为 OUNCE.PLG.File 的菜单后
pCommandService.AddDropdownMenuItem("OUNCE.PLG.File", coFiles);

//创建工具条按钮
ICommandItem pA = newPLGCommandItem(CommandItemType.Button, "OUNCE.PLG.Main-
ToolBar.New");
pA.TipText = "新建文档";
pA.Image = Image.FromStream(GetType().Assembly.GetManifestResourceStream
(GetType(), "New.bmp"), false);
pA.Style = CommandStyleType.Image;

ICommandItem pB = newPLGCommandItem(CommandItemType.Button, "OUNCE.PLG.Main-
ToolBar.New3D");
pB.TipText = "新建 3D 文档";
pB.Image = Image.FromStream(GetType().Assembly.GetManifestResourceStream
(GetType(), "New3D.bmp"), false);
```

```
    pB.Style = CommandStyleType.Image;


    ICommandItem pC = newPLGCommandItem(CommandItemType.Button, "OUNCE.PLG.Main-
ToolBar.Open");
    pC.TipText = "打开文档";
    pC. Image = Image. FromStream (GetType ( ). Assembly. GetManifestResourceStream
(GetType(), "Open.bmp"), false);
    pC.Style = CommandStyleType.Image;


    /*将这3个按钮添加到 key 为 OUNCE.PLG.MainToolbar 的工具条,该菜单条在 PLG-
Starter.dll 插件中已被创建,这里可以直接访问使用。    */

    pCommandService.AddToolItem("OUNCE.PLG.MainToolbar", pA, -1);
    pCommandService.AddToolItem("OUNCE.PLG.MainToolbar", pB, -1);
    pCommandService.AddToolItem("OUNCE.PLG.MainToolbar", pC, -1);
}
```

将 AddMenuTool 函数加入到例 1 的 MainForm 的 OnLoad 事件响应函数中,
运行结果如图 3.11 所示。

图 3.11　例 2 运行结果示意图

3.4.3　DocumentManageService

DocumentManageService 是 OG-ADF 最重要、也是使用最多的服务，由 PLGDocumentManageService 类实现，如图 3.12 所示。该类实现了 IDocument-ManageService、IEventHandleManager、IDocumentEventContainer、IDocumentActionContainer 4 个接口。这里主要介绍 IDocumentManageService 接口，其他 3 个接口将分别在 4.2.4 节、4.2.5 节和 6.3 节中介绍。

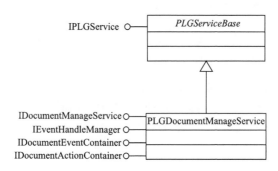

图 3.12　PLGDocumentManageService 类图

OG-ADF 是一个能管理多文档-视图的框架，IDocumentManageService 接口提供了一系列属性与方法，用于文档-视图的管理。

（1）ActiveDocument 属性：这是一个非常重要而常用的属性，能得到当前活动的文档-视图，进一步可得到当前活动的地图控件。

（2）Count 属性：返回文档-视图的计数。

（3）AddDocument 方法：向系统添加文档。

（4）RemoveDocument 方法：删除系统中的某个文档。

（5）GetDocument 方法：按序号得到一个文档实例。

（6）OnActivate 方法：用于响应 ActivateDocumentEventHandler 事件的处理。

下面一段代码显示系统中当前活动的文档名称，以及所有的文档名称。

```
IPLGApplication application = PLGApplication.GetInstance();
IDocumentManageService pDocumentManageService = application. GetDocumentManageSer-
vice ();
    if  (pDocumentManageService.ActiveDocument ! = null)
        MessageBox.Show(pDocumentManageService.ActiveDocument.DocName);

    For(int i = 0; i<pDocumentManageService.Count; i + + )
    {
```

```
    IDocument pDocument = pDocumentManageService.GetDocument(i);
    MessageBox.Show(pDocument.DocName);
}
```

3.4.4　GeoBasicService

GeoBasicService 主要用于管理符合本框架规范的 GIS 命令与 GIS 工具，同时也提供一些常用的 GIS 几何功能。

GeoBasicService 是由 PLGGeoBasicService 类实现，如图 3.13 所示，该类实现了 IGeoBasicService 接口。

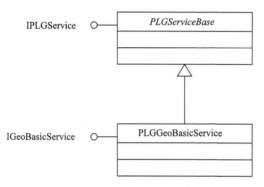

图 3.13　PLGGeoBasicService 类图

IGeoBasicService 接口提供一些基本的几何服务，其中主要是用于管理 GIS 命令与工具。由于 GIS 几何命令与 GIS 工具需要针对多文档-视图的特殊性，所以本框架专门提供 GeoBasicService 来管理它们，目的是与 CommandService 提供的功能区别开来，因此在 GeoBasicService 内部实现中调用了 CommandService。

（1）CurrentTool 属性：获取或设置当前使用的 GIS 工具。

（2）CreateGeoCommand 方法：创建一个 GIS 几何命令。

（3）CreateGeoTool 方法：创建一个 GIS 几何工具。

（4）AddGeoCommand 方法：在命令工具条上添加一个 GIS 几何命令按钮。

（5）AddGeoTool 方法：在命令工具条上添加一个 GIS 几何工具按钮。

（6）GetGeoCommand 方法：根据 key 得到系统中的 GIS 几何命令。

（7）GetGeoTool 方法：根据 key 得到系统中的 GIS 几何工具。

3.4.5　DocumentContextMenuService

DocumentContextMenuService 是由 PLGDocumentContextMenuService 类实现，如图 3.14 所示。当用户鼠标右键点击文档-视图窗体时，则弹出上下文菜

单。由于本框架是针对多文档-视图窗口而设计的，并且能管理不同类型的文档-视图窗口，那么不同类型的文档-视图窗口弹出的上下文菜单也会不同，因此，本框架专门设计了该服务来管理上下文菜单。

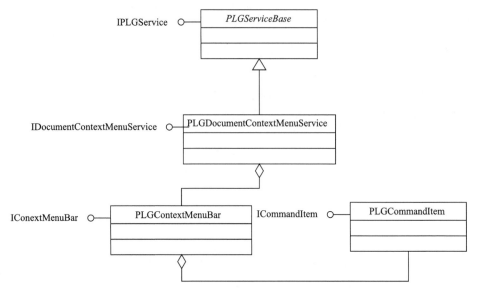

图 3.14　PLGDocumentContextMenuService 类图

IDocumentContextMenuService 接口的几个主要方法如下。

（1）GetContextMenu 方法：得到与当前文档-视图类型关联的上下文菜单。

（2）IsLinked 方法：判断一个 ContextMenu 对象是否与某个类型的文档-视图关联。

（3）LinkDocument 方法：把 ContextMenu 对象与某一类型的文档-视图相关联。

（4）UnlinkDocument 方法：把 ContextMenu 对象与某一类型的文档-视图脱离关联。

关于 DocumentContextMenuService 的使用在 6.2.3 节中会进一步叙述。

3.4.6　DocumentControlContextMenuService

DocumentControlContextMenuService 是由 PLGControlDocumentContext-Menu Service 类实现的，如图 3.15 所示。当用户鼠标右键点击文档-视图窗体中的地图控件时，则弹出上下文菜单。由于本框架是针对多文档-视图窗口而设计的，并且能管理不同类型的文档-视图窗口，每种文档-视图窗口中的地图控件是不同的，那么不同类型的文档-视图的地图控件弹出的上下文菜单也会不同，因此，专门设计了该服务来管理上下文菜单。

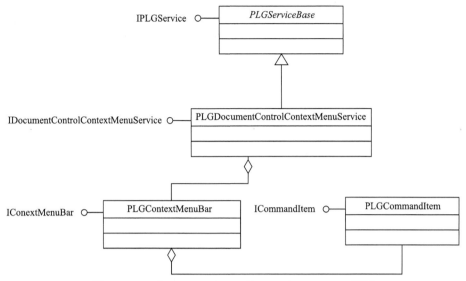

图 3.15 PLGDocumentControlContextMenuService 类图

IDocumentControlContextMenuService 接口的几个主要方法如下。

（1）GetContextMenu 方法：得到与当前文档-视图类型关联的上下文菜单。

（2）IsLinked 方法：判断一个 ContextMenu 对象是否与某个类型的地图控件关联。

（3）LinkControl 方法：把 ContextMenu 对象与某一类型的地图控件相关联。

（4）UnlinkControl 方法：把 ContextMenu 对象与某一类型的地图控件脱离关联。

关于 DocumentControlContextMenuService 的使用在 6.2.3 节中会进一步叙述。

3.4.7 PanelManageService

PanelManageService 是由 PLGPanelManageService 类实现，如图 3.16 所示。该类实现了 IPanelManageService 接口。

PanelManageService 用于管理系统中所有的可停靠面板，能添加、删除、查找系统中的可停靠面板。可停靠面板是由 PLGPanel 类实现，通过内部的一个 DockForm 对象提供停靠功能。PLGPanel 类实现了 IPanel 接口、IPanelGroup 接口。IPanel 接口主要提供多个 Show 方法并按多种方式显示 Panel。

```
Show(PanelDockState dockState);
Show(IPanelGroup panelGroup, PanelDockAlignment dockAlignment, double proportion);
Show(IPanelGroup panelGroup, IPanel beforePanel);
Show(Point floatingLocation, Size floatingSize);
```

IPanelGroup 接口用于 Panel 的分组显示。

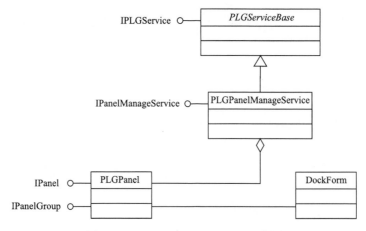

图 3.16 PLGPanelManageService 类图

IPanelManageService 接口的几个主要方法如下。

(1) Count 属性：服务中所管理面板的个数。

(2) ActivePanel 属性：当前激活的面板。

(3) AddPanel 方法：将一个面板添加到服务中。

(4) RemovePanel 方法：从服务中移除一个面板。

(5) GetPanel：从服务中得到一个面板对象。

例 3 是使用 PanelManageService 的例子，创建了 3 个 Panel，分别停靠到主窗体的左边、右边和下边，并新建一个"视图"菜单，该菜单自动列出所有 Panel 的名称，并控制其是否显示。

在例 2 的基础上，新加一个 AddPanel 函数，代码如下：

```
private void AddPanel()
{
    IPLGApplication application = PLGApplication.GetInstance();
    IPanelManageService pPanelManageService = application.GetPanelManageService();

    //新建一个可停靠的 DockForm,一般是需要创建从 DockForm 类继承的子类
    DockForm df1 = newDockForm();
    df1.Text = "Panel 示例 1";
    //新建一个 PLGPanel 对象
    IPanel pPanel1 = newPLGPanel("OUNCE.PLG.Example1", df1);
    //将新建的 PLGPanel 对象添加到 PanelManageService.
    pPanelManageService.AddPanel(pPanel1);
    //在主窗体的左边显示.
```

```
pPanel1.Show(PanelDockState.DockLeft);

DockForm df2 = newDockForm();
df2.Text = "Panel1 示例 2";
IPanel pPanel2 = newPLGPanel("OUNCE.PLG.Example2", df2);
pPanelManageService.AddPanel(pPanel2);
pPanel2.Show(PanelDockState.DockRight);

DockForm df3 = newDockForm();
df3.Text = "Panel1 示例 3";
IPanel pPanel3 = newPLGPanel("OUNCE.PLG.Example3", df3);
pPanelManageService.AddPanel(pPanel3);
pPanel3.Show(PanelDockState.DockBottom);

//新建一个"视图"菜单项
ICommandService pCommandService = application.GetCommandService();
ICommandItem coView = newPLGCommandItem(CommandItemType.Menu, "OUNCE.WQM.View");
coView.Text = "视图";
coView.TipText = "视图";
pCommandService.AddMenuItem("OUNCE.PLG.MainMenu", coView, -1);

//获取当前所有 Panel 名称,以列表形式展示
ICommandItem pViewItem = pCommandService.GetMenuItem("OUNCE.WQM.View");
ToolStripMenuItem menuItem = pViewItem.Item as ToolStripMenuItem;
menuItem.DropDownItems.Clear();
for (int i = 0; i < pPanelManageService.Count; i++)
{
    IPanel pPanel = pPanelManageService.GetPanel(i);
    ToolStripMenuItem pItem = newToolStripMenuItem();
    pItem.Text = pPanel.Text;
    pItem.Click += newEventHandler(coViewItem_Click);
    pItem.Tag = pPanel;

    if (pPanel.IsHidden)
        pItem.Checked = false;
    else
        pItem.Checked = true;
    menuItem.DropDownItems.Add(pItem);
```

```
        }
    }


private void coViewItem_Click(object sender, EventArgs e)
{
    ToolStripDropDownItem item = sender as ToolStripDropDownItem;
    IPanel pPanel = item.Tag as IPanel;
    ToolStripMenuItem pItem = item as ToolStripMenuItem;
    if (pPanel.IsHidden)
    {
        pPanel.Show();
        pItem.Checked = true;
    }
    else
    {
        pPanel.Hide();
        pItem.Checked = false;
    }
}
```

例 3 的运行结果如图 3.17 所示。

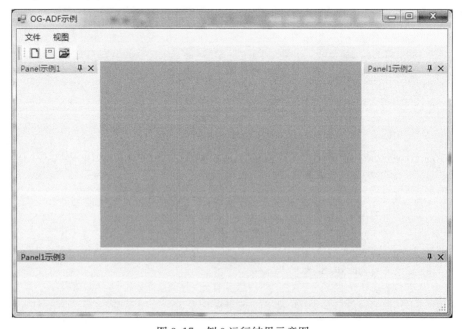

图 3.17　例 3 运行结果示意图

3.4.8　StatusBarService

StatusBarService 是由 PLGStatusBarService 类实现。该类实现了 IStatus-
BarService 接口与 IEventHandleManager 接口（图 3.18）。

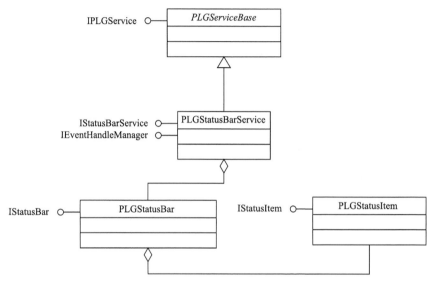

图 3.18　StatusBarService 类图

StatusBarService 封装了对状态栏的基本操作，开发者利用该服务可以方便
地操作状态栏条目，条目类型可以是文本 StatusLabel、按钮 Button、进度条
ProgressBar 等。并且，服务默认提供两个文本 StatusLable 和一个进度条 Pro-
gressBar。

IStatusBarService 接口的主要方法如下。

（1）AddItem：向状态栏增加一个条目。

（2）RemoveItem：从状态栏删除关键字为 key 的条目。

（3）GetItem：从状态栏获取关键字为 key 的条目。

（4）GetStatusItemPosition：获取关键字为 key 的条目在状态栏的位置。

（5）GetStatusBar：获取服务中的状态栏对象。

（6）GetProgressBarItem：得到服务中默认提供的进度条 ProgressBar。

（7）GetLeftTextItem：得到服务中默认提供的左边的文本 StatusLabel。

（8）GetRightTextItem：得到服务中默认提供的右边的文本 StatusLabel。

下面一段代码在状态条的 LeftStatusLabel 后添加一个按钮：

```
IPLGApplication application = PLGApplication.GetInstance();
```

//得到状态条服务
IStatusBarService pStatusBarService = application.GetStatusBarService();

//新建一个按钮类型的 item，其 key 为 OUNCE.PLG.StatusBarItemExample.
IStatusItempItem = new PLGStatusItem(StatusItemType. DropDownButton, "OUNCE.PLG.
StatusBarItemExample");
//得到 LeftStatusLabel 的位置
    int pos = pStatusBarService. GetStatusItemPosition (pStatusBarService.
GetLeftTextItem().key);
//在指定位置添加 item
pStatusBarService.AddItem(pItem ,pos + 1);

第4章 文档-视图结构

4.1 文档-视图结构概述

文档-视图结构是 OG-ADF 框架的中心。文档-视图结构的开放性能融合多种 GIS 二次开发平台，如若有需要可以将 ArcGIS、Skyline、SuperMap 的二次开发平台集成到一起。

文档-视图框架的中心思想是：围绕某一个地图控件来建立，如 ArcEngine 的 MapControl 控件或 Scene 控件，文档-视图结构对地图控件的事件与方法做了统一的封装，通过一系列接口重新暴露出来，不同的地图控件被封装到不同的文档-视图框架中，再由 DocumentManageService 进行统一的文档-视图管理。因此，从理论上说，任何以 GIS 控件为核心的文档-视图都可以纳入到本框架中。

目前，OG-ADF 框架主要是基于 ArcEngine 并分别以 MapControl 控件、SceneControl 控件、GlobeControl 控件为核心建立了文档-视图结构，如图 4.1 所示。以后还可以利用其他 GIS 控件继续扩展，如 Skyline 平台、SuperMap 平台中的可视化二次开发控件等。

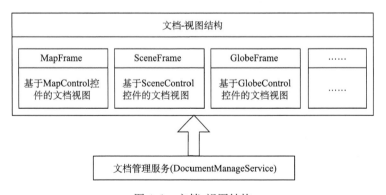

图 4.1 文档-视图结构

4.1.1 IDocument 接口

IDocument 接口是文档-视图最基本的接口，该接口提供一系列基本的文档操作的属性与方法，如图 4.2 所示。下面介绍几个主要的属性和方法。

图 4.2　IDocument 接口

（1）DocName 属性：文档的名称。

（2）DocPath 属性：文档的路径。

（3）Type 属性：文档类型。

（4）CanSave 属性：文档是否需要被保存。

（5）Tag 属性：文档标签，其类型为 Object，它是一个非常重要的属性，通过该属性可以实现某个文档的个性化配置。

（6）New 方法：新建一个文档。

（7）Open 方法：打开一个已有的文档。

（8）Save 方法：保存一个文档。

（9）SaveAs 方法：另存一个文档。

（10）Close 方法：关闭文档。

（11）OnActivate 方法：处理 On-ActiveDocumentEvent 事件。

（12）OnLoad 方法：处理 OnLoad-DocumentEvent 事件。

（13）OnClosed：处理 OnClosed-DocumentEvent 事件。

（14）OnClosing：处理 OnClosing 事件。

4.1.2　IDocumentView 接口

IDocumentView 接口提供一系列基本的视图操作的属性与方法，如图 4.3 所示。下面介绍几个主要属性与方法。

（1）ViewForm 属性：返回的是文档-视图所依附的窗体（DockForm 类型）。

（2）DocControl 属性：返回文档-视图中的 GIS 地图控件（如 AxMapControl 控件等）。

（3）Style 属性：文档-视图的初始风格，标签式或者浮动式。

（4）StartLocation 属性：若文档-视图风格是浮动式，则表示视图窗体的起始位置。

（5）FloatSize 属性：若文档-视图风格是浮动式，

图 4.3　IDocumentView 接口

则表示视图窗体的大小。

（6）ViewLink 属性：设置某文档-视图的地图与其他文档-视图地图显示范围是否联动显示。

（7）Show 方法：显示文档-视图。

（8）Hide 方法：隐藏文档-视图。

4.1.3　IDocumentEvent 接口

在文档操作中，会发生诸如激活、装载、关闭等几个基本事件，IDocumentEvent接口定义了文档的几个基本事件（图4.4）。

（1）OnActivateDocumentEvent 事件：当文档-视图成为当前活动视图时。

（2）OnLoadDocumentEvent 事件：当装载文档时。

（3）OnClosedDocumentEvent 事件：当文档-视图被关闭时。

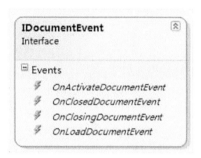

图 4.4　IDocumentEvent 接口

（4）OnClosingDocumentEvent 事件：当文档-视图正在被关闭时。

4.1.4　IGeoDocumentEvent 接口

IGeoDocumentEvent 接口定义了几个进行地图时发生的鼠标、键盘事件（图 4.5）。

图 4.5　IGeoDocumentEvent 接口

（1）OnMouseDownEvent 事件：当按下鼠标按钮时。

（2）OnMouseMoveEvent 事件：当鼠标移动时。

（3）OnMouseUp 属性事件：当松开鼠标按钮时。

（4）OnKeyDownEvent 事件：当键盘按键按下。

（5）OnKeyUpEvent 事件：当键盘按键松开。

（6）OnDoubleClickEvent 事件：当双击鼠标按钮时。

4.1.5　PLGDocumentBase 基类

OG-ADF 框架定义了一个抽象基类 PLGDocumenBase 类，基于各个 GIS 控件的文档-视图的具体实现类，如 PLGMapDocument、PLGSceneDocument、PLGGlobeDocument 等都必须从该类继承，如图 4.6 所示。

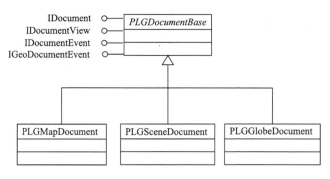

图 4.6　PLGDocumentBase 基类

PLGDocumentBase 类对 IDocument、IDocumentView、IDocumentEvent、IGeoDocumentView 4 个接口有基本的实现，在其子类中可以根据需要重新实现。

4.2　基于 MapControl 控件的文档-视图

MapControl 控件的文档-视图是由 OG-ADF 框架提供的基于 ArcEngine 的 MapControl 控件的一种文档-视图类型。

4.2.1　MapControl 控件介绍

MapControl 控件是 ArcEngine 提供的一个二维数据视图控件，它封装了 Map 对象，主要实现以下功能。

（1）地图显示；

（2）地图放大、缩小、漫游；

（3）生成点、线、面等图形；

（4）识别地图上选中的元素，并进行属性查询；

（5）标识地图元素。

MapControl 控件能实现 ArcMap 的大部分功能，主要实现了 IMapControlDefault 接口、IMapControl2 接口、IMapControl3 接口、IMapControl4 接口、IMapControlEvent2 接口等。MapControl 控件提供了几十种方法与属性，十几个事件，这些事件见表 4.1。

表 4.1　MapControl 控件的事件列表

事件名称	功能
OnAfterDraw	当绘制完成某个图面元素后发生
OnAfterScreenDraw	在 MapControl 控件中的 Map 绘制完成后发生
OnBeforeScreenDraw	在 MapControl 控件中的地图绘制完成之前发生
OnViewRefreshed	在视图刷新后，绘制图面元素之前发生
OnSelectionChanged	在所选取的空间目标改变时发生
OnExtentUpdated	在当前可视的 MapControl 控件窗口改变时发生
OnFullExtentUpdated	在整个 MapControl 控件窗口改变时发生
OnDoubleClick	在鼠标双击时发生
OnMouseDown	在鼠标按下时发生
OnMouseUp	在鼠标放开时发生
OnMouseMove	在鼠标移动时发生
OnKeyDown	在键盘按下时发生
OnKeyUp	在键盘放开时发生
OnOleDrop	在向 MapControl 控件中拖放数据时发生
OnMapReplaced	在替换 MapControl 控件中的地图时发生

4.2.2　IMapDocumentEvent 接口

IMapDocumentEvent 接口是专门针对 MapControl 控件的事件而设计的，其目的是通过该接口将 MapControl 控件的事件暴露出来，另外，MapControl 控件的键盘、鼠标事件由于已在 IGeoDocumentEvent 接口定义，所以 IMapDocumentEvent 接口不再重复定义，如图 4.7 所示。

4.2.3　PLGMapDocument 类

PLGMapDocument 类继承自 PLG-DocumentBase 类，重载实现了基类中的方法。并且扩展实现了 IMapDo-cumentEvent接口（图 4.8）。

PLGMapDocument 类的所有行为并

图 4.7　IMapDocumentEvent 接口

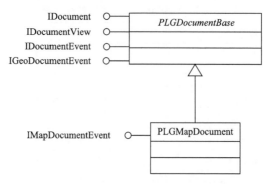

图 4.8　PLGMapDocument 类图

不在类中实现，而是通过 PLGMapDocumentPlugin. dll 插件实现，PLGMapDocu-mentPlugin. dll 是由 OG-ADF 框架提供的必备插件，它是专门为 MapDocument 类文档而配置的，在该插件中，缺省提供了文档行为的处理及文档事件的响应，具体见 4.2.4 节及 4.2.5 节。后面提到的 PLGSceneDocumentPlugin. dll 插件、PLG-GlobeDocumentPlugin. dll 插件的作用与 PLGMapDocumentPlugin. dll 插件一样。当然用户可以重写 PLGMapDocumentPlugin 插件来满足实际应用需要。

4.2.4　文档行为外挂钩子——DocumentActionHook

　　在 IDocument 接口中，定义了文档的基本行为，即 New、Close、Open、Save、SaveAs。这些行为的具体表现如果由本框架来提供实现，会非常不灵活，且不易于扩展，而要开发者来实现这些行为有一定的难度。因此，采用插件的方式，将这些行为在插件中实现，如果要在应用中统一更改这些行为，只需要更换或加载相应的插件而已。

　　这样的设计思路类似于桥接模式，即将对象的某些行为进行抽象，其具体的实现则独立出来。将文档的公共行为 New、Close、Open、Save、SaveAs 等在 IDocumentActionHook 接口中定义，在 IDocumentActionHook 接口的具体实现类中，实现这些具体行为。并且在 DoumentManageService 的实现类中，实现了 IDocumentActionContainer 接口，通过该接口，管理所有的 DocumentAction-Hook。

　　下面，以 MapControl 类型文档为例，介绍文档行为的外挂钩子的设计与实现过程。图 4.9 是基于 MapDocument 类型文档的文档行为外挂钩子的类图示例。

　　在 DocumentManageService 的实现类中实现了 IDocumentActionContainer 接口，因此可以很方便地通过 PLGApplication 入口访问到它。该接口只有两个方法。

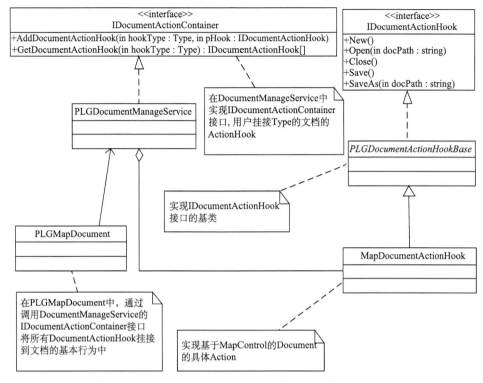

图 4.9　MapDocument 类型文档的文档行为外挂钩子的类图

（1）AddDocumentActionHook（Type hookType，IDocumentActionHook pHook），hookType 是文档的类型，pHook 是要挂接的文档行为钩子。因为 IDocumentActionContainer 接口要管理不同类型的文档行为钩子，所以需要 Type 类型的参数加以区分，hookType 是 IDocument 实现类的 Type 值，在本例中，

```
hookType = typeof(PLGMapDocument)
```

（2）GetDocumentActionHook（Type hookType），返回所有 hookType 类型的 ActionHook。

PLGDocumentActionHookBase 是实现了 IDocumentActionHook 接口的抽象基类。

MapDocumentActionHook 继承自 PLGDocumentActionHookBase 类，具体实现了 MapControl 类型文档的基本行为钩子。

在例 3 中，加载了 PLGMapDocumentPlugin. dll 插件，该插件是一个必备插件，在插件中就实现了 MapControl 类型文档行为外挂钩子，用插件实现文档行为外挂钩子的最大好处是便于扩展替换，若想改变文档的基本行为，只要更换相关的插件即可。

4.2.5　文档事件处理外挂钩子——DocumentEventHook

所有的文档类都要实现基本的事件接口 IDocumentEvent 以及几何事件接口 IGeoDocumentEvent，若需要对有些事件进行统一的响应处理，则可以在文档事件的外挂钩子中实现后再挂接到系统中，若需要修改或增加事件的响应处理，则只需更换或增加相应的插件即可。

下面，以 MapControl 类型文档为例，介绍文档事件处理外挂钩子的设计与实现过程。图 4.10 是基于 MapDocument 类型文档的文档事件处理外挂钩子的类图示例。

在 DocumentManageService 的实现类中实现了 IDocumentEventContainer 接口，因此可以很方便地通过 PLGApplication 入口访问到它。该接口只有两个方法。

（1）AddDocumentEventHook（Type hookType, IDocumentEventHook pHook），hookType 是文档的类型，pHook 是要挂接的文档行为钩子。因为 IDocumentEventContainer 接口要管理不同类型的文档事件处理钩子，所以需要 Type 类型的参数加以区分，hookType 是 IDocument 实现类的 Type 值，在本例中，

```
hookType = typeof(PLGMapDocument)
```

（2）GetDocumentEventHook（Type hookType），返回所有 hookType 类型的 EventHook。

PLGDocumentEventHookBase 是实现了 IDocumentEventHook 与 IGeoDocumentEventHook接口的抽象基类。

PLGMapDocumentEventHookBase 继承自 PLGDocumentEventHookBase，实现了 IMapDocumentEventHook 接口的抽象基类。IMapDocumentEventHook 接口是对 MapControl 控件的一一映射。

MapDocumentEventHook 继承自 PLGMapDocumentEventHookBase 类，实现了 MapControl 类型文档事件处理响应的钩子。

PLGMapDocument 是 MapControl 类型文档的实现类，通过 IDocumentEventContainer 接口将多个 EventHook 挂接到文档事件处理响应的实现中，下面是 PLGMapDocument 类中 OnLoad 事件响应的示意代码：

```
public override void New()
{
```

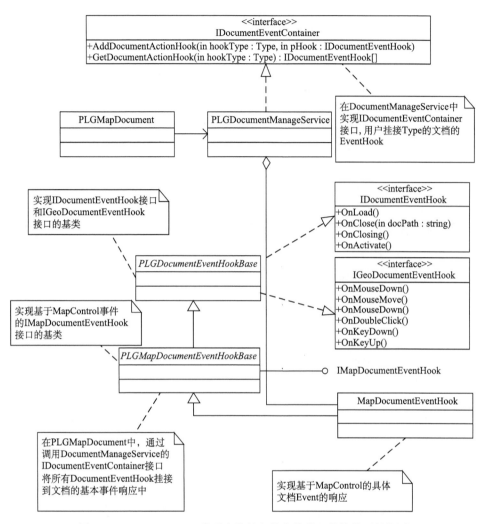

图 4.10　MapDocument 类型文档的文档事件处理外挂钩子的类图

```
IDocumentManageService pDocumentManageService = null;

IDocumentEventContainer pDocumentEventContainer = null;

//从 PLGApplication 的实例中得到 DocumentManageService.
pDocumentManageService = PLGApplication.GetInstance().GetDocumentManageService();

    //从 IDocumentManageService 接口转到 IDocumentActionContainer 接口.
pDocumentEventContainer = pDocumentManageService as IDocumentEventContainer;


    //得到所有类型为 PLGDocument 的 EventHook.
IDocumentEventHook[] pHooks = pDocumentActionContainer.GetDocumentEventHook(typeof
```

```
(PLGMapDocument));
        for (int i = 0; i < pHooks.Length; i++)
        {
            IDocumentEventHook pDocumentEventHook = pHooks[i];
            PLGDocumentEventHookBase obj = (PLGDocumentEventHookBase)pDocumentEventHook;
            obj.Document = this;
            //调用 EventHook 中的 OnLoad 方法，进行挂接.
            pDocumentEventHook.OnLoad();
        }
        base.OnLoad();
    }
```

下面一段代码是一个应用文档事件处理挂钩的例子（例 4），该例子实现了随着鼠标移动地图坐标在状态栏动态显示的功能。在应用系统中，一般需要所有的地图文档-视图都能在状态栏动态显示地图坐标，用文档事件处理挂钩就能轻松地实现这个功能。下面的代码实现了所有 MapControl 类型文档-视图的地图坐标在状态栏的动态显示：

```
    //从 PLGMapDocumentEventHookBase 继承.
    public class MapCoordinateEventHook : PLGMapDocumentEventHookBase
    {
    //重写 OnMouseMove 方法.
    public override void OnMouseMove(IDocument sender, int button, int shift, int X,
int Y, double geoX, double geoY)
        {
            base.OnMouseMove(sender, button, shift, X, Y, geoX, geoY);
            //利用 StatusBarService 在状态栏中显示地图坐标.
            IPLGApplication application = PLGApplication.GetInstance();
            IStatusBarService pStatusBarService = application.GetStatusBarService();
            pStatusBarService.GetRightTextItem().Text = geoX.ToString("F6") + "  " +
geoY.ToString("F6");
        }
    }


    //将地图坐标动态显示钩子挂接到 DocumentManageService 中.
    IDocumentManageService pDocumentManageService = null;
    IDocumentEventContainer pDocumentEventContainer = null;
    //从 PLGApplication 的实例中得到 DocumentManageService.
    pDocumentManageService = PLGApplication.GetInstance().GetDocumentManageService();
```

```
//从 IDocumentManageService 接口转到 IDocumentActionContainer 接口.
pDocumentEventContainer = pDocumentManageService as IDocumentEventContainer;
MapCoordinateEventHook pHook = new MapCoordinateEventHook();
pDocumentEventContainer.AddDocumentEventHook(typeof(PLGMapDocument), pHook);
```

在例 4 中，加载了 PLGMapDocumentPlugin. dll 插件，该插件是一个必备的插件，在插件中实现了 MapControl 类型文档的事件处理外挂钩子。下面一段代码是 PLGMapDocumentPlugin. dll 插件的主要实现代码：

```
public class MapDocumentPlugin ; PLGPluginBase
{
    public override void Load()
    {
        base.Load();
        base.m_type = PluginType.Required;
        // 得到 PLGApplication 全局对象
        IPLGApplication application = PLGApplication.GetInstance();
         IDocumentManageService pDocumentManageService = application.GetDocument-
ManageService();
        IDocumentActionContainer pDocumentActionContainer = pDocumentManageService as
IDocumentActionContainer;
        IDocumentEventContainer pDocumentEventContainer = pDocumentManageService
as IDocumentEventContainer;
        // 文档行为外挂钩子
        MapDocumentActionHook hook1 = newMapDocumentActionHook();
        //文档事件处理外挂钩子
        MapDocumentEventHook hook2 = newMapDocumentEventHook();

        //添加文档行为外挂钩子到文档行为容器中
        pDocumentActionContainer.AddDocumentActionHook(typeof(PLGMapDocument), hook1);
        //添加文档行为事件处理外挂钩子到文档事件处理容器中
        pDocumentEventContainer.AddDocumentEventHook(typeof(PLGMapDocument), hook2);
    }
}
```

4.3　基于 SceneControl 控件的文档-视图

4.3.1　SceneControl 控件介绍

SceneControl 控件是 ArcEngine 提供的一个三维数据视图控件，用以给开发者建立和扩展 Scene 程序，提供了显示和增加空间数据到 3D 的方法等。Scene-Control 控件是单一的开发进程，并且提供粗粒度 ArcEngine 组件对象，也提供强大的纹理着色功能。SceneControl 控件通过对象接口 ISceneViewer 来表现，SceneControl 控件提供一系列属性和方法及事件（表 4.2）操作三维对象。SceneControl 控件支持下面的主要特征。

表 4.2　SceneControl 控件的事件列表

事件名称	功能
OnDoubleClick	在鼠标双击时发生
OnMouseDown	在鼠标按下时发生
OnMouseUp	在鼠标放开时发生
OnMouseMove	在鼠标移动时发生
OnKeyDown	在键盘按下时发生
OnKeyUp	在键盘放开时发生
OnSceneReplaced	在替换 SceneControl 控件中的地图时发生

　（1）3D 线符号有 Tubes、walls 和 textured lines；
　（2）TIN 数据显示和分析；
　（3）支持立体和平面视图；
　（4）表面分析工具，如最短路径和等高线的生成；
　（5）Layer 支持，如图层坐标转换；
　（6）输出到 3D 格式（vrml）；
　（7）动态阴影效果。

图 4.11　ISceneDocumentEvent 接口

4.3.2　ISceneDocumentEvent 接口

　　ISceneDocumentEvent 接口是专门针对 SceneControl 控件的事件而设计的，其目的是通过该接口将 SceneControl 控件的事件暴露出来，另外，SceneControl 控件的键盘、鼠标事件由于已在 IGeoDocumentEvent 接口定义，所以 ISceneDocumentEvent 接口不再重复定义，如图 4.11 所示。

4.3.3　PLGSceneDocument 类

　　PLGSceneDocument 类继承自 PLGDocumentBase 类，重载实现了基类中的

方法。并且扩展实现了 ISceneDocumentEvent 接口 (图 4.12)。

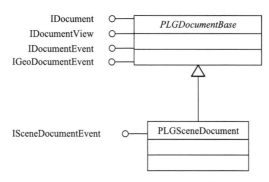

图 4.12 PLGSceneDocument 类图

例 4 是创建 MapDocument、SceneDocument 类型文档-视图的一个例子。

在例 2 MainForm 的 OnLoad 事件中新添加以下代码,并从 Bin 文件夹中添加 PLGMapFrame.dll 和 PLGSceneFrame.dll 的引用:

```
private void MainForm_Load(object sender, EventArgs e)
{
    ……
    // 加载 PLGMapDocument 所必需的一个插件(PLGMapDocumentPlugin.dll).
    string strStartPath = System.Windows.Forms.Application.StartupPath;
    Application.GetPluginManageService().LoadPlugin("PLGMapDocumentPlugin", str-
PluginPath + "PLGMapDocumentPlugin.dll");
    //加载 PLGSceneDocument 所必需的一个插件(PLGSceneDocumentPlugin.dll).
    Application.GetPluginManageService().LoadPlugin("PLGSceneDocumentPlugin", str-
PluginPath + "PLGSceneDocumentPlugin.dll");
    ……
}
```

在例 2 的 AddMenuTool 函数中添加如下代码:

```
private void AddMenuTool()
{
    //为菜单项添加 Click 事件响应函数
    coFiles[0].Click = new EventHandler(New_Click);
    coFiles[1].Click = new EventHandler(New3D_Click);

    coFiles[2].Click = new EventHandler(Open_Click);

    //为按钮项添加 Click 事件响应函数
```

```
    pA.Click = newEventHandler(New_Click);
    pB.Click = newEventHandler(New3D_Click);
    pC.Click = newEventHandler(Open_Click);
}
```

下面分别是这几个 Click 事件的响应函数：

```
private void New_Click(object sender, EventArgs e)
{
    //实例化 PLGMapDocument 对象,调用其 New 方法新建地图文档.
    IDocument pDocument = newPLGMapDocument();
    pDocument.New();// 新建一个地图文档.
}
```

```
private void New3D_Click(object sender, EventArgs e)
{
    //实例化 PLGSceneDocument 对象,调用其 New 方法新建地图文档.
    IDocument pDocument = newPLGSceneDocument();
    pDocument.New();// 新建一个 3D 地图文档.
}
```

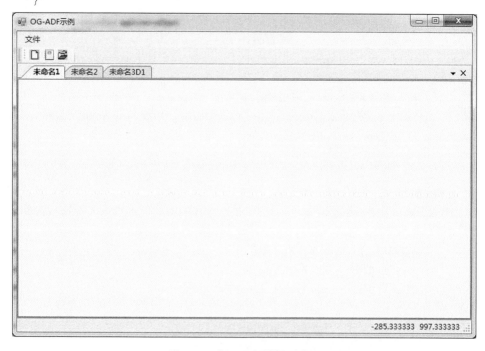

图 4.13　例 4 运行结果示意图

```
private void Open_Click(object sender, EventArgs e)
{
    //实例化 PLGMapDocument 对象,调用其 Open 方法打开地图文档.
    OpenFileDialog openFileDialog = newOpenFileDialog();
    if (DialogResult.OK ! = openFileDialog.ShowDialog()) return;
    IDocument pDocument = newPLGMapDocument();
    pDocument.Open(openFileDialog.FileName);    //打开一个地图文档
}
```

运行例 4,点击"新建"按钮,可以建立多个地图文档,并以标签页的形式显示多个地图文档(图 4.13)。

4.4 基于 GlobeControl 控件的文档-视图

4.4.1 GlobeControl 控件介绍

GlobeControl 控件是一个高性能的嵌入式开发组件,用以给开发者建立和扩展 ArcGlobe 程序。GlobeControl 控件显示 3D 视图,并能提供全球表现的位置,而且是基于 3D 数据。GlobeControl 控件对应于 ArcGlobe 桌面应用程序的三维视图。GlobeControl 控件封装了 GlobeViewer 对象,可以加载 ArcGlobe 应用程序创作的 Globe 文档。GlobeControl 控件是单一的开发进程,并且提供了粗粒度 ArcEngine 组件对象,也提供了强大纹理着色的 ArcEngine 组件。GlobeControl 控件通过对象接口来操作 IGlobe 视图,用户可以通过 IGlobeViewer 对象来操作 ArcGlobe 应用程序。GlobeControl 控件提供一系列属性和方法及事件(表 4.3)来操作三维对象。GlobeControl 控件支持下面的主要特征。

表 4.3　GlobeControl 控件的事件列表

事件名称	功能
OnDoubleClick	在鼠标双击时发生
OnMouseDown	在鼠标按下时发生
OnMouseUp	在鼠标放开时发生
OnMouseMove	在鼠标移动时发生
OnKeyDown	在键盘按下时发生
OnKeyUp	在键盘放开时发生
OnGlobeReplaced	在替换 GlobeControl 控件中的地图时发生

（1）超链接（hyperlinks）；

（2）导航和分析工具；

（3）地图符号支持光栅要素图层；

（4）旋转工具栏；

（5）各式各样的显示目标（正面朝上）、观测者位置和指北针、剪切控制面板；

（6）所有数据源必须具有空间参考，空间参考可以是地理坐标系统或工程坐标系统；

（7）页面显示，提供多级显示机制，对于大数据量支持 caching 的方式。

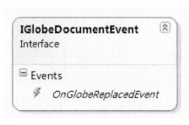

图 4.14　IGlobeDocumentEvent 接口

4.4.2　IGlobeDocumentEvent 接口

IGlobeeDocumentEvent 接口是专门针对 GlobeControl 控件的事件而设计的，其目的是通过该接口将 GlobeControl 控件的事件暴露出来，另外，GlobeControl 控件的键盘、鼠标事件由于已在 IGeoDocumentEvent 定义，所以 IGlobeDocumentEvent 不再重复定义，如图 4.14 所示。

4.4.3　PLGGlobeDocument 类

PLGGlobeDocument 类继承自 PLGDocumentBase 类，重载实现了基类中的方法。如图 4.15 所示，并且扩展实现了 IGlobeDocumentEvent 接口。

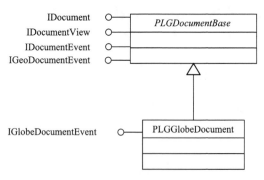

图 4.15　PLGGlobeDocument 类图

创建 GlobeDocument 类型文档-视图的一个例子：将例 4New3D _ Click 方法中的代码作如下简单修改，运行结果如图 4.16 所示。

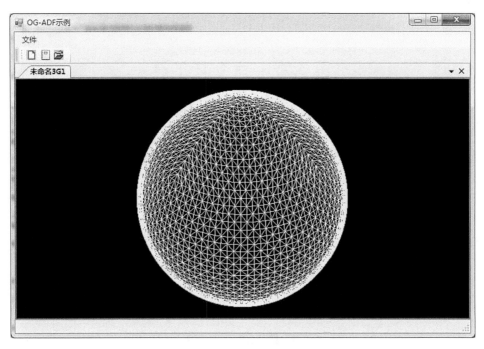

图 4.16　例 4 运行结果示意图（Globe）

在 Main _ Load 事件中加载 PLGGlobeDocument. dll 插件：

```
Application.GetPluginManageService().LoadPlugin("PLGGlobeDocumentPlugin", strPlug-
inPath + "PLGGlobeDocumentPlugin.dll");
private void New3D_Click(object sender, EventArgs e)
{
    //实例化 PLGGlobeDocument 对象,调用其 New 方法新建地图文档.
    IDocument pDocument = newPLGGlobeDocument();
    pDocument.New();// 新建一个 3D 地图文档.
}
```

第 5 章 命令与工具

在 GIS 应用系统中，大部分功能是通过一系列 GIS 命令和工具与用户交互来实现的。命令在 UI 上表现为一个命令按钮，用户点击后针对当前地图执行某个操作。工具在 UI 上表现为一个工具按钮，与命令按钮类似，但工具按钮被点击后，不立刻产生响应，而是需要在地图上进行点击、拖放操作。例如，在 ArcMap 中，就提供了很多命令与工具。

在 OG-ADF 框架中，需要处理多文档-视图，并且这些文档-视图的类型可以是不同的。这就要求命令与工具能根据当前文档的类型与状态进行相应操作。在本框架中，所有的命令与工具都必须通过 GeoBasicService 进行创建，才能在多文档-视图中发挥作用。OG-ADF 框架定义了多个接口与抽象类来处理命令与工具。

5.1 命　　令

5.1.1　IGeoCommandHook 接口与 IGeoCommand 接口

GIS 应用系统中，通过一系列的命令和工具与用户图形界面交互。命令表现为在工具条上的一个按钮，点击按钮后，系统界面会产生相应的反应。

在本框架中，要解决两个问题。

（1）点击命令按钮后，需要对当前活动文档产生命令操作。

（2）同一个命令，针对不同类型的文档，需要产生相应的操作。

在设计中，依然使用了"挂钩"的概念，即对于某一命令而言，基于不同类型文档分别实现命令的具体功能，作为命令挂钩（command hook）挂接到命令对象中，在具体执行时，命令对象通过判断当前活动文档的类型，选择相应的文档类型的命令挂钩执行具体功能。

因此，OG-ADF 框架设计了两个接口：IGeoCommandHook 与 IGeoCommand，如图 5.1 所示。

IGeoCommandHook 接口的属性与方法如下。

（1）DefaultImag：为命令提供一个默认的图标图像，该属性可以为 NULL。

（2）Enabled：设置命令"挂钩"的 Enable 状态。

（3）GeoCanvas：设置命令"挂钩"关联的地图控件。

（4）HookName：命令"挂钩"的名字。

图 5.1　IGeoCommandHook 接口与 IGeoCommand 接口

（5）HookType：命令"挂钩"的类型，一般设置为地图控件的类型。

（6）Tag：命令"挂钩"的标签。

（7）OnInit 方法：初始化命令"挂钩"。

（8）OnClick 方法：当点击命令"挂钩"时的行为。

IGeoCommand 接口的属性与方法如下。

（1）Image：为命令的图标图像。

（2）Enabled：设置命令的 Enable 状态。

（3）GeoCanvas：设置命令关联的地图控件。

（4）Tag：命令的标签。

（5）Text：命令的文本标签。

（6）TipText：命令的提示文本。

（7）AddHook 方法：向命令添加一个命令"挂钩"。

（8）OnClick 方法：当点击命令时的行为，根据关联地图控件的类型调用对应的命令挂钩。

（9）OnInit 方法：初始化命令。

5.1.2　命令及命令"挂钩"的实现

在 OG-ADF 框架中，一个命令挂接了一个或多个命令"挂钩"，当点击命令后，会根据当前文档-视图的地图控件类型调用相应的"挂钩"来执行命令。在框架中，所有命令都必须通过 GeoBasicService 进行管理。图 5.2 是命令及命令"挂钩"实现的类图。

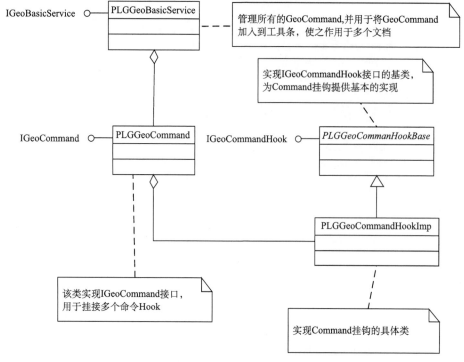

图 5.2　命令及命令"挂钩"实现的类图

（1）PLGGeoCommandHookBase 类是一个抽象类，实现了 IGeoCommand-Hook 接口。该类在图中是一个示意性表示，不同类型的文档，该类也是不同的。例如，若是 MapControl 类型文档，则为 MapCommandHookBase；若是 SceneControl 类型文档，则为 SceneCommandHookBase。

（2）PLGGeoCommandHookImp 可以针对某一类型的文档，实现命令的具体功能。

（3）PLGGeoCommand 提供一个容器，将不同类型文档的 CommandHook 挂接进来，并为 UI 提供统一的命令，如 Text、Image 等。

PLGGeoBasicService 用于管理所有的命令，所有的 PLGGeoCommand 必须添加到 GeoBasicService 中，通过 GeoBasicService 作用于当前文档。

下面基于 OG-ADF 框架，建立命令"挂钩"FixedZoomin，实现地图的中心放大功能，该命令能用于 MapControl 类型文档与 SceneControl 类型文档。

例 5 是在例 4 的基础上，新建 MapAddData.cs、MapFixedZoomin.cs、SceneAddData.cs 和 SceneFixedZoomIn.cs 4 个类文件，代码分别如下：

```
public sealed class MapFixedZoomIn：PLGMapCommandHookBase
{
```

```
    public override bool Enabled
    {
        get
        {
            if (m_pHookHelper.FocusMap.LayerCount <= 0) return false;
            return true;
        }
    }

    public override void OnClick()
    {
        //Get IActiveView interface
        IActiveView pActiveView = (IActiveView)m_pHookHelper.FocusMap;
        //Get IEnvelope interface
        IEnvelope pEnvelope = (IEnvelope)pActiveView.Extent;
        //Expand envelope and refresh the view
        pEnvelope.Expand(0.75, 0.75, true);
        pActiveView.Extent = pEnvelope;
        pActiveView.Refresh();
    }
}

public sealed class MapAddData: PLGMapCommandHookBase
{
    OUNCE.PLG.PLGMapUtilityUI.AddDataForm m_addDataForm = null;

    public override Object GeoCanvas
    {
        get { return m_geoCanvas; }
        set
        {
            m_geoCanvas = value;
            AxMapControl axMapControl = m_geoCanvas as AxMapControl;
            m_pHookHelper.Hook = axMapControl.Object;
            m_addDataForm = new OUNCE.PLG.PLGMapUtilityUI.AddDataForm(axMapControl
as Control);
        }
    }
```

```
public override bool Enabled
{
    get
    {
        if (m_pHookHelper.FocusMap = = null) return false;
        return true;
    }
}


public override void OnInit(Object geoCanvas)
{
    m_geoCanvas = geoCanvas;
    AxMapControl axMapControl = m_geoCanvas as AxMapControl;
    m_pHookHelper.Hook = axMapControl.Object;
    m_addDataForm = new OUNCE.PLG.PLGMapUtilityUI.AddDataForm(axMapControl as
Control);
}


public override void OnClick()
{
    m_addDataForm.ShowDialog();
}
}


public sealed class SceneAddData: PLGSceneCommandHookBase
{
    OUNCE.PLG.PLGMapUtilityUI.AddDataForm m_addDataForm = null;
    public override Object GeoCanvas
    {
        get { return m_geoCanvas; }
        set
        {
            m_geoCanvas = value;
            AxSceneControl axSceneControl = m_geoCanvas as AxSceneControl;
            m_pHookHelper.Hook = axSceneControl.Object;
            m_addDataForm = new OUNCE.PLG.PLGMapUtilityUI.AddDataForm(axSceneCon-
trol as Control);
        }
```

```
        }

        public override bool Enabled
        {
            get
            {
                if (m_pHookHelper.Scene = = null) return false;
                return true;
            }
        }

        public override void OnInit(Object geoCanvas)
        {
            m_geoCanvas = geoCanvas;
            AxSceneControl axSceneControl = m_geoCanvas as AxSceneControl;
            m_pHookHelper.Hook = axSceneControl.Object;
             m_addDataForm = new OUNCE.PLG.PLGMapUtilityUI.AddDataForm(axSceneControl
as Control);
        }

        public override void OnClick()
        {
            m_addDataForm.ShowDialog();
        }
    }

    public sealed class SceneFixedZoomIn: PLGSceneCommandHookBase
    {
        public override bool Enabled
        {
            get
            {
                if (m_pHookHelper.Scene = = null) return false;
                return true;
            }
        }

        public override void OnClick()
```

```
        {
            // 直接调用 ArcEngine 提供的命令.
            ControlsSceneExpandFOVCommandClass ef = new ControlsSceneExpandFOVCom-
mandClass();
            ef.OnCreate(m_pHookHelper.Hook);
            ef.OnClick();
        }
    }
```

在例 4 AddMenuTool 函数中，添加如下代码，通过 GeoBasicService 将命令加到工具条中：

```
//得到 GeoBasicService
IPLGApplication application = PLGApplication.GetInstance();
IGeoBasicService pGeoBasicService = application.GetGeoBasicService();

//创建命令
Image image  =  Image. FromStream ( GetType ( ). Assembly. GetManifestResourceStream
(GetType(), "FixedZoomin.BMP"), false);
IGeoCommand pCommand = pGeoBasicService.CreateGeoCommand("","", image);

//创建命令"挂钩"
IGeoCommandHook pHook1 = newMapFixedZoomIn();
IGeoCommandHook pHook2 = new SceneFixedZoomin();

//将"挂钩"挂接到命令
pCommand.AddHook(pHook1);
pCommand.AddHook(pHook2);

//通过 GeoBasicService 把命令添加到工具条上
pGeoBasicService.AddGeoCommand("OUNCE.PLG.MainToolBar", "OUNCE.PLG.MainToolBar.
FixedZoomIn", pCommand, -1);
```

完成上述工作后，当点击"中心放大"命令，对两种类型的地图控件都会产生作用。

5.2 工　　具

5.2.1　IGeoToolHook 接口与 IGeoTool 接口

GIS 应用系统中，通过一系列的命令和工具与用户图形界面交互。命令表现为在工具条上的一个按钮,点击按钮后,系统界面会产生相应的反应;工具也表现为工具条上的一个按钮,点击按钮后,选择了该工具,在图形界面上进行交互操作。

在本框架中,要解决两个问题。

(1)对于多文档,工具能对当前激活的文档进行操作。

(2)同一个工具,针对不同类型的文档,需要产生相应的操作效果。

在设计中,依然使用了"挂钩"的概念,即对于某一工具而言,基于不同类型文档分别实现工具的具体功能。作为工具挂钩(Tool Hook)挂接到工具对象中,在具体执行时,工具对象通过判断当前活动文档的类型,选择相应文档类型的工具挂钩执行具体功能。

因此,OG-ADF 框架设计了两个接口:IGeoToolHook 与 IGeoTool,如图 5.3 所示。

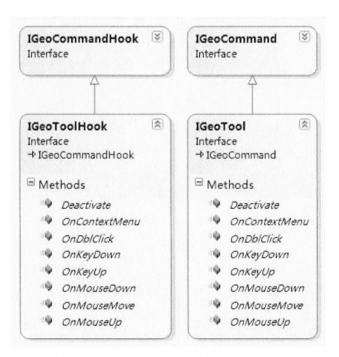

图 5.3 IGeoToolHook 接口与 IGeoTool 接口

IGeoToolHook 接口继承自 IGeoCommandHook 接口,IGeoTool 接口继承自 IGeoCommand 接口。这两个接口扩展了以下几个方法。

(1)Deactivate 方法:使该工具无效。

(2)OnContextMenu 方法:当上下文菜单弹出时。

（3）OnDblClick 事件：当双击鼠标按钮时。

（4）OnKeyDown 方法：当键盘按键按下时。

（5）OnKeyUp 方法：当键盘按键松开时。

（6）OnMouseDown 方法：当按下鼠标按钮时。

（7）OnMouseMove 方法：当鼠标移动时。

（8）OnMouseUp 方法：当松开鼠标按钮时。

5.2.2　工具及工具"挂钩"的实现

在 OG-ADF 框架中，一个工具挂接了一个或多个工具"挂钩"，当点击工具后，会根据当前文档-视图的地图控件类型调用相应的"挂钩"来使用工具。在框架中，所有工具都必须通过 GeoBasicService 进行管理。图 5.4 是工具及工具"挂钩"实现的类图。

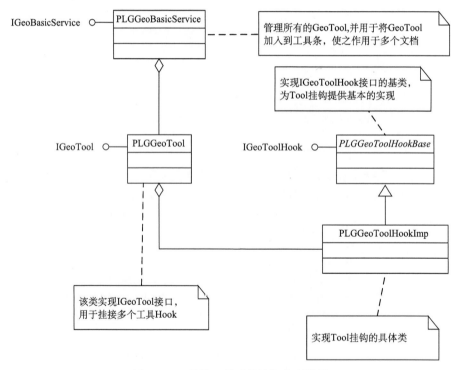

图 5.4　工具及工具"挂钩"实现类图

（1）PLGGeoToolHookBase 类是一个抽象类，实现了 IGeoToolHook 接口。该类在图中是一个示意性表示，不同类型的文档，该类也是不同的。例如，若是 MapControl 类型文档，则为 MapToolHookBase；若是 SceneControl 类型文档，则为 SceneToolHookBase。

（2）PLGGeoToolHookImp 可以针对某一类型的文档，实现命令的具体功能。

（3）PLGGeoTool 提供一个容器，将不同类型文档的 ToolHook 挂接进来，并为 UI 提供统一的工具，如 Text、Image 等。

（4）PLGGeoBasicService 用于管理所有的工具，所有的 PLGGeoTool 必须添加到 GeoBasicService 中，通过 GeoBasicService 作用于当前文档。

在例 5 的基础上，新建 MapZoomIn. cs、SceneZoomIn. cs 两个类文件，代码分别如下：

```csharp
public sealed class MapZoomIn: PLGMapToolHookBase
{
    private INewEnvelopeFeedback m_feedBack;
    private IPoint m_point;
    private Boolean m_isMouseDown;
    public MapZoomIn()
    {
        m_toolCursor = new System.Windows.Forms.Cursor(GetType().Assembly.GetMani-
festResourceStream(GetType(), "ZoomIn.cur"));
        m_toolMovingCursor = new System.Windows.Forms.Cursor(GetType().Assembly.
GetManifestResourceStream(GetType(), "MoveZoomIn.cur"));
    }

    ~MapZoomIn()
    {
        m_pHookHelper = null;
    }
    public override bool Enabled
    {
        get
        {
            if(m_pHookHelper.FocusMap.LayerCount == 0) return false;
            return true;
        }
    }
    public override Image DefaultImage
    {
        get
```

```
        {
            m_image = Image.FromStream(GetType().Assembly.GetManifestResource
Stream(GetType(), "ZoomIn.bmp"), false);
            return m_image;
        }
    }


    public override void OnMouseDown(int button, int shift, int x, int y)
    {
        base.OnMouseDown(button, shift, x, y);
        if (m_pHookHelper.ActiveView = = null) return;
        //If the active view is a page layout
        if (m_pHookHelper.ActiveView is IPageLayout)
        {
            //Create a point in map coordinates
            IPoint pPoint = (IPoint)m_pHookHelper.ActiveView.ScreenDisplay.Display
Transformation.ToMapPoint(x, y);

            //Get the map if the point is within a data frame
            IMap pMap = m_pHookHelper.ActiveView.HitTestMap(pPoint);
            if (pMap = = null) return;
            //Set the map to be the page layout's focus map
            if (pMap ! = m_pHookHelper.FocusMap)
            {
                m_pHookHelper.ActiveView.FocusMap = pMap;
                m_pHookHelper.ActiveView.PartialRefresh(esriViewDrawPhase.esri
ViewGraphics, null, null);
            }
        }
        //Create a point in map coordinates
        IActiveView pActiveView = (IActiveView)m_pHookHelper.FocusMap;
        m_point = pActiveView.ScreenDisplay.DisplayTransformation.ToMapPoint(x,
y);

        m_isMouseDown = true;
    }


    public override void OnMouseMove(int button, int shift, int x, int y)
    {
```

```
        base.OnMouseMove(button, shift, x, y);

        if (! m_isMouseDown) return;
        //Get the focus map
        IActiveView pActiveView = (IActiveView)m_pHookHelper.FocusMap;
        //Start an envelope feedback
        if (m_feedBack = = null)
        {
            m_feedBack = new NewEnvelopeFeedbackClass();
            m_feedBack.Display = pActiveView.ScreenDisplay;
            m_feedBack.Start(m_point);
        }

        //Move the envelope feedback
        m_feedBack.MoveTo(pActiveView.ScreenDisplay.DisplayTransformation.ToMap
Point(x, y));
    }

    public override void OnMouseUp(int button, int shift, int x, int y)
    {
        base.OnMouseUp(button, shift, x, y);
        if (! m_isMouseDown) return;
        //Get the focus map
        IActiveView pActiveView = (IActiveView)m_pHookHelper.FocusMap;
        //If an envelope has not been tracked
        IEnvelope pEnvelope;
        if (m_feedBack = = null)
        {
            //Zoom in from mouse click
            pEnvelope = pActiveView.Extent;
            pEnvelope.Expand(0.5, 0.5, true);
            pEnvelope.CenterAt(m_point);
        }
        else
        {
            //Stop the envelope feedback
            pEnvelope = m_feedBack.Stop();
            //Exit if the envelope height or width is 0
```

```
            if (pEnvelope.Width = = 0 || pEnvelope.Height = = 0)
            {
                m_feedBack = null;
                m_isMouseDown = false;
            }
        }
        //Set the new extent
        pActiveView.Extent = pEnvelope;
        //Refresh the active view
        pActiveView.Refresh();
        m_feedBack = null;
        m_isMouseDown = false;
    }


    public override void OnKeyDown(int keyCode, int shift)
    {
        if (m_isMouseDown)
        {
            if (keyCode = = 27)
            {
                m_isMouseDown = false;
                m_feedBack = null;
                m_pHookHelper.ActiveView.PartialRefresh
(esriViewDrawPhase.esriViewForeground, null, null);
            }
        }
    }
}


public sealed class SceneZoomInTool: PLGSceneToolHookBase
{
    ControlsSceneZoomInToolClass m_tool = new ControlsSceneZoomInToolClass();

    public SceneZoomInTool()
    {
        m_toolCursor = new
System.Windows.Forms.Cursor(GetType().Assembly.GetManifestResourceStream(GetType(),
"ZoomIn.cur"));
```

```
        m_toolMovingCursor = m_toolCursor;
    }

    public override bool Enabled
    {
        get
        {
            if (m_pHookHelper.Scene = = null) return false;

            return true;
        }
    }

    public override Image DefaultImage
    {
        get
        {
            m_image = Image.FromStream(GetType().Assembly.GetManifestResource
Stream(GetType(), "ZoomIn.bmp"), false);
            return m_image;
        }
    }

    public override void OnInit(object geoCanvas)
    {
        base.OnInit(geoCanvas);
        m_tool.OnCreate(m_pHookHelper.Hook);
    }

    public override object GeoCanvas
    {
        get
        {
            return base.GeoCanvas;
        }
        set
        {
            OnInit(value);
```

```
        m_tool.OnCreate(m_pHookHelper.Hook);
    }
}

public override void OnMouseDown(int button, int shift, int x, int y)
{
    base.OnMouseDown(button, shift, x, y);
    m_tool.OnMouseDown(button, shift, x, y);
}

public override void OnMouseMove(int button, int shift, int x, int y)
{
    base.OnMouseMove(button, shift, x, y);
    m_tool.OnMouseMove(button, shift, x, y);
}

public override void OnMouseUp(int button, int shift, int x, int y)
{
    base.OnMouseUp(button, shift, x, y);
    m_tool.OnMouseUp(button, shift, x, y);
}

public override void OnKeyDown(int keyCode, int shift)
{
    base.OnKeyDown(keyCode, shift);
    m_tool.OnKeyDown(keyCode, shift);
}

public override void OnKeyUp(int keyCode, int shift)
{
    // TODO:Add ZoomIn.OnKeyUp implementation
    base.OnKeyUp(keyCode, shift);
    m_tool.OnKeyUp(keyCode, shift);
}
}
```

在例 4 AddMenuTool 函数中，添加如下代码，通过 GeoBasicService 将命令和工具添加到工具条中：

```
//得到 GeoBasicService
IGeoBasicService pGeoBasicService = application.GetGeoBasicService();
//创建加载数据命令
Image image1 = Image.FromStream (GetType ( ).Assembly.GetManifestResourceStream
(GetType(),"AddData.bmp"),false);
IGeoCommand pCommand1 = pGeoBasicService.CreateGeoCommand("","",image1);
//创建中心放大命令
Image image2 = Image.FromStream (GetType ( ).Assembly.GetManifestResourceStream
(GetType(),"zoominfxd.bmp"),false);
IGeoCommand pCommand2 = pGeoBasicService.CreateGeoCommand("","",image2);
//创建命令"挂钩"
IGeoCommandHook pHook1 = new MapAddData();
IGeoCommandHook pHook2 = new SceneAddData();
IGeoCommandHook pHook3 = new MapFixedZoomIn();
IGeoCommandHook pHook4 = new SceneFixedZoomIn();


//将"挂钩"挂接到命令
pCommand1.AddHook(pHook1);
pCommand1.AddHook(pHook2);
pCommand2.AddHook(pHook3);
pCommand2.AddHook(pHook4);
//创建放大工具
Image image = Image.FromStream (GetType ( ).Assembly.GetManifestResourceStream
(GetType(),"ZoomIn.bmp"),false);
IGeoTool pTool = pGeoBasicService.CreateGeoTool("","",image);
//创建工具"挂钩"
IGeoToolHook pHook5 = new MapZoomIn();
IGeoToolHook pHook6 = new SceneZoomIn();
//将"挂钩"挂接到工具
pTool.AddHook(pHook5 as IGeoCommandHook);
pTool.AddHook(pHook6 as IGeoCommandHook);
//通过 GeoBasicService 把命令添加到工具条上
pGeoBasicService.AddGeoCommand("OUNCE.PLG.MainToolBar","OUNCE.PLG.MainToolBar.Ad-
dData",pCommand1,-1);
pGeoBasicService.AddGeoCommand ( "OUNCE.PLG.MainToolBar", "OUNCE.PLG.MainToolBar.
FixedZoomIn",pCommand2,-1);
pGeoBasicService.AddGeoTool ( "OUNCE.PLG.MainToolBar", "OUNCE.PLG.MainToolBar.
ZoomIn",pTool,-1);
```

例 5 的运行结果如图 5.5 所示，分别新建一个 MapControl 类型文档和 SceneControl 类型文档，这几个命令与工具可以在两种不同类型文档上发挥作用。

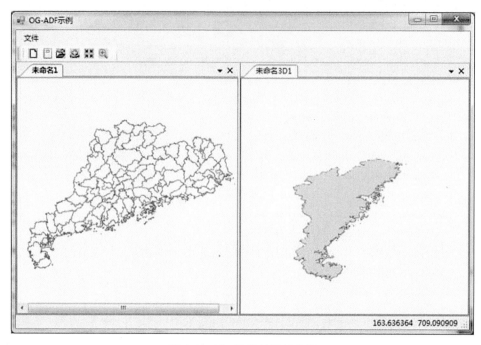

图 5.5　例 5 运行结果示意图

第 6 章   插件及事件处理

6.1   OG-ADF 框架的插件机制

在 OG-ADF 框架中，通过插件，既可以方便扩展框架核心服务与文档-视图框架的服务能力，又便于应用系统以标准"预制件"的方式快速完成基本的架构并能以插件的形式灵活扩展。

在 OG-ADF 框架中，插件分为 3 类。

- **系统插件**

该类插件主要用于框架核心服务与文档-视图框架的扩展，属于框架级开发，与应用系统开发者无关。

- **必备插件**

开发某类应用所必需的插件，可以方便扩展该类应用的功能。对该类应用来说，这些插件是必须加载的，但是应用开发者可以自行开发出相应的插件来替换它。

- **可选插件**

对某一个具体的应用系统，该类插件可以动态加载以扩展功能，也可以动态卸载。

6.1.1   IPlugin 接口

IPlugin 接口是插件的基本接口，OG-ADF 框架中的插件都必须实现此接口（图 6.1）。

（1）PluginName 属性：插件的名称，为插件实现类的类型名称，由框架自动生成。

（2）PluginFilePath 属性：插件文件的路径。

（3）PluginDescription 属性：关于插件的描述。

（4）Tag 属性：文档标签，其类型为 Object，是一个非常重要的属性，通过该属性可以实现某个插件的个性化配置。

（5）Type 属性：插件的类型。

（6）Load 方法：装载插件。

（7）UnLoad 方法：卸载插件。

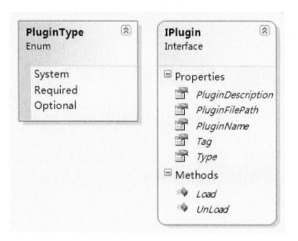

图 6.1   IPlugin 接口

6.1.2   IDependentPlugin 接口与 IExposedObject 接口

OG-ADF 框架的插件除提供了基本的 IPlugin 接口外，还提供了 IDepen-dentPlugin 接口与 IExposedObject 接口，如图 6.2 所示。

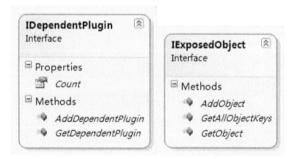

图 6.2   IDependentPlugin 接口与 IExposedObject 接口

IDependentPlugin 接口负责提供本插件需要依赖的其他插件，即当本插件被加载时，它所依赖的其他插件若没有被加载，则加载会失败。

（1）Count 属性：需要依赖接口的数量。

（2）AddDependentPlugin 方法：添加一个被依赖的插件。

（3）GetDepententPlugin 方法：得到一个被依赖的插件。

IExposedObject 接口负责提供本插件需要暴露给其他插件的对象，后加载的插件可以通过本接口访问到这些对象。

（1）AddObject 方法：增加一个需要暴露的对象。

（2）GetAllObjectKeys 方法：得到所有暴露对象的关键字。

（3）GetObject 方法：得到一个暴露的对象。

6.1.3　创建一个插件的实例

在 OG-ADF 框架中，创建一个插件类，一般从 PLGPluginBase 类继承，PLGPluginBase 类是一个抽象类，对 IPlugin 接口、IDependentPlugin 接口、IExposedObject 接口有一个基本的实现，在其继承类中，一般需要重写 Load 方法、UnLoad 方法（图 6.3）。

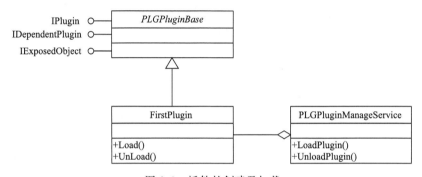

图 6.3　插件的创建及加载

例 6 是建立一个简单的插件，主要功能是添加一个下拉菜单项，步骤如下。

（1）在 Visual Studio10.0 的开发环境中，选择 C♯语言，新建一个 Class Library 类型的工程，取名为 FirstPlugin。

（2）在 Bin 文件夹下，找到 PLGFrame.dll、PLGBaseClass.dll 作为引用添加到工程中。

（3）重写 IPlugin 接口的两个方法，Load 和 UnLoad。

```
using OUNCE.PLG.PLGFrame;
using OUNCE.PLG.PLGBaseClass;

public class FirstPlugin：PLGPluginBase
{
    //装载插件
    public override void Load()
    {
        base.Load();
        ICommandService pCommandService =
```

```
        Application. GetService (typeof(ICommandService)) as ICommandService;
        if (pCommandService = = null)
            throw new PLGServiceNotFoundException("CommandService");
```

        //向 key 为 OUNCE.PLG.MainMenu 的菜单条添加菜单项,该菜单条在 PLGStarter.dll
插件中已被定义

```
        ICommandItem coFirstPlugin = new PLGCommandItem (CommandItemType. Menu,
"OUNCE.PLG.FirstPlugin", "插件",    " ", null, null);
        ICommandItem[] coFirstPlugins = new ICommandItem[3];
        coFirstPlugins[0] =
        new PLGCommandItem(CommandItemType.Menu, "OUNCE.PLG.FirstPlugin.Item1");
        coFirstPlugins[0].Text = "插件菜单 1";
        coFirstPlugins[1] =
        new PLGCommandItem(CommandItemType.Menu, "OUNCE.PLG.FirstPlugin.Item2");
        coFirstPlugins[1].Text = "插件菜单 2";
        coFirstPlugins[2] = new PLGCommandItem(CommandItemType.Menu, "OUNCE.PLG.
FirstPlugin.Item3");
        coFirstPlugins[2].Text = "插件菜单 3";

        pCommandService.AddMenuItem("OUNCE.PLG.MainMenu", coFirstPlugin, - 1);
        //将一个下拉菜单添加到 key 为 OUNCE.PLG.FirstPlugin 的菜单后
        pCommandService.AddDropdownMenuItem("OUNCE.PLG.FirstPlugin", coFirstPlu-
gins);
    }


    //卸载插件
    public override void UnLoad()
    {
        base.UnLoad();


        ICommandService pCommandService =
    Application.GetService(typeof(ICommandService)) as ICommandService;
        if (pCommandService = = null)
            throw new PLGServiceNotFoundException("CommandService");
        //卸载插件时,也要卸载这个菜单.
        pCommandService.RemoveMenuItem("OUNCE.PLG.FirstPlugin");
    }
}
```

（4）在例 2 MainForm 的 OnLoad 事件响应函数中，利用 PluginManage-Service 加载 FirstPlugin. dll 插件。添加如下一行代码，其中插件的路径视具体情况而定：

```
Application.GetPluginManageService().LoadPlugin("First Plugin", @"E:\Plugin\Src\
FirstPlugin\bin\Debug\FirstPlugin.dll");
```

运行结果如图 6.4 所示。

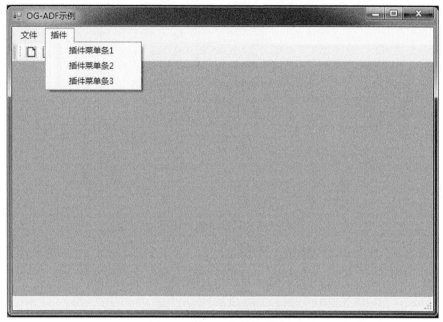

图 6.4　例 6 运行结果示意图

6.2　OG-ADF 框架提供的几个插件介绍

6.2.1　PLGStarterPlugin 插件

PLGStarterPlugin 插件是 OG-ADF 框架提供的创建应用系统的起始插件，其主要功能是为应用系统提供一个默认的菜单条与一个默认的工具条，并且把它们以 Dock 风格停靠在窗体的顶端。其关键字分别为 "OUNCE. PLG. MainMenu" 和 "OUNCE. PLG. MainToolbar"。

PLGStarterPlugin 插件可以方便系统的快速创建，开发者也可以创建其他的插件来替换它。其主要源代码如下：

```
public class PLGStarterPlugin: PLGPluginBase
```

```
{
    public override void Load()
    {
        base.Load();
        base.m_type = PluginType.Required;
        ICommandService pCommandService = Application.GetService(typeof(ICommand-
Service)) as ICommandService;
        if (pCommandService = = null)
            throw new PLGServiceNotFoundException("CommandService");

        //新建工具条
        IToolBar pToolBar = new PLGToolBar("OUNCE.PLG.MainToolbar");
        pToolBar.Text = "主工具条";
        pCommandService.AddToolBar(pToolBar);

        //新建菜单条
        IMenuBar pMenuBar = new PLGMenuBar("OUNCE.PLG.MainMenu");
        pMenuBar.Text = "主菜单";
        pCommandService.AddMenuBar(pMenuBar);

        // 停靠工具条
        pCommandService.DockToolBar("OUNCE.PLG.MainToolbar",
System.Windows.Forms.DockStyle.Top, ToolBarDockBorder.Top);
        // 停靠菜单条
        pCommandService.DockMenuBar("OUNCE.PLG.MainMenu");
    }

    /// <summary>卸载插件 </summary>
    public override void UnLoad()
    {
        ICommandService pCommandService = Application.GetService(typeof(ICommand-
Service)) as ICommandService;
        pCommandService.RemoveToolBar("OUNCE.PLG.MainToolbar");
        pCommandService.RemoveToolBar("OUNCE.PLG.MainMenu");
        base.UnLoad();
    }
}
```

6.2.2　PLGMapDocumentPlugin 插件

　　PLGMapDocumentPlugin 插件是针对 MapControl 类型文档的一个插件，主要是提供文档行为挂钩（document action hook）与文档事件处理挂钩（document event hook）一个默认的实现。该插件是一个 Required 类型的插件，也就是说，它在系统中是必须存在的。如果 PLGMapDocumentPlugin 插件提供的功能不能满足要求，可以开发一个新的类似功能的插件来替换它或扩展它。

　　PLGMapDocumentPlugin 插件的代码主要包括 3 部分：①实现文档行为挂钩；②实现文档事件处理挂钩；③在插件实现代码中将挂接这些挂钩。

■ 实现文档行为挂钩的代码

```
public class MapDocumentActionHook: PLGDocumentActionHookBase
{
    IPLGApplication m_application = null;
    private static int newDocumentCount = 0;

    public MapDocumentActionHook()
    {
        m_application = PLGApplication.GetInstance();
    }

    public override void New()
    {
        IDocumentView pView = Document as IDocumentView;
        MapForm frm = new MapForm(Document);

        pView.ViewForm = frm as DockForm;
        pView.DocControl = frm.MapControl as Control;

        OUNCE.COMMON.WinFormsUI.Docking.DockPanel dockPanel =
m_application.AppPanelManager as OUNCE.COMMON.WinFormsUI.Docking.DockPanel;

        if (pView.Style = = DocumentStyleType.Floating)
        {
            frm.DockAreas = DockAreas.Float;
            frm.Show(dockPanel, OUNCE.COMMON.WinFormsUI.Docking.DockState.Float);
        }
        else
```

```
        {
                frm.DockAreas = DockAreas.Document | DockAreas.Float | DockAreas.
DockLeft | DockAreas.DockRight | DockAreas.DockTop | DockAreas.DockBottom;
            frm.Show(dockPanel);
        }
        newDocumentCount + + ;
        frm.TabText = "未命名" + newDocumentCount.ToString();
        Document.DocName = frm.TabText;
    }


    public override void Close()
    {
        IDocumentView pView = Document as IDocumentView;
        pView.ViewForm.Close();
    }


    public override void Open(String docPath)
    {
        IDocumentView pView = Document as IDocumentView;
        Document.DocPath = docPath;
        Document.DocName = GetDocNameFromPath(docPath);
        MapForm frm = new MapForm(Document);
        pView.ViewForm = frm as DockForm;
        pView.DocControl = frm.MapControl as Control;
        OUNCE.COMMON.WinFormsUI.Docking.DockPanel dockPanel =
m_application.AppPanelManager as OUNCE.COMMON.WinFormsUI.Docking.DockPanel;
        if (pView.Style = = DocumentStyleType.Floating)
        {
            frm.DockAreas = DockAreas.Float;
            frm.Show(dockPanel, OUNCE.COMMON.WinFormsUI.Docking.DockState.Float);
        }
        else
        {
                frm.DockAreas = DockAreas.Document | DockAreas.Float | DockAreas.
DockLeft | DockAreas.DockRight | DockAreas.DockTop | DockAreas.DockBottom;
            frm.Show(dockPanel);
        }
        frm.TabText = Document.DocName;
```

```
            Document.DocName = frm.TabText;
    }

    public override void Save()
    {
        return;
    }

    public override void SaveAs(String docPath)
    {
        IDocumentView pView = Document as IDocumentView;
        Document.DocPath = docPath;
        Document.DocName = GetDocNameFromPath(docPath);

        MapForm frm = pView.ViewForm as MapForm;
        frm.TabText = Document.DocName;
    }
}
```

■ 实现文档事件处理挂钩的代码

```
public class MapDocumentEventHook: PLGMapDocumentEventHookBase
{
    IPLGApplication m_application = null;

    public MapDocumentEventHook()
    {
        m_application = PLGApplication.GetInstance();
    }

    public override void OnClosing(ref bool cancel)
    {
        if (!Document.CanSave) return;
        if (!m_application.IsCloseMainForm) return;

        IDocumentManageService pDocumentManageService = m_application.GetService
(typeof(IDocumentManageService)) as IDocumentManageService;
        DialogResult dr = MessageBox.Show("是否保存文档","信息提示", MessageBox-
Buttons.YesNoCancel, MessageBoxIcon.Question);
```

```
            if (dr = = DialogResult.No)
            {
                cancel = false;
            }

            if (dr = = DialogResult.Cancel)
            {
                cancel = true;
                m_application.IsCloseMainForm = true;
            }

            if (dr = = DialogResult.Yes)
            {
                if (Document.DocPath = = "")
                {
                    System.Windows.Forms.SaveFileDialog saveFileDialog
= new SaveFileDialog();
                    saveFileDialog.Title = "保存文档";
                    saveFileDialog.DefaultExt = "pxl";
                    saveFileDialog.Filter = "Project Documents( * .pxl)| * .pxl";
                    saveFileDialog.ShowDialog();

                    if (saveFileDialog.FileName = = "") return;
                    Document.SaveAs(saveFileDialog.FileName);
                }
                else
                {
                    Document.Save();
                }
                cancel = false;
            }
        }

    public override void OnMouseMove(IDocument sender, int button, int shift, int X,
int Y, double geoX, double geoY)
        {
            base.OnMouseMove(sender, button, shift, X, Y, geoX, geoY);
```

```
                IStatusBarService pStatusBarService = m_application.GetStatusBarService
();
                pStatusBarService.GetRightTextItem().Text = geoX.ToString("F6") + "  " +
geoY.ToString("F6");
        }


  //插件实现,挂接文档行为挂钩和文档事件处理挂钩
  public class MapDocumentPlugin: PLGPluginBase
    {
        public override void Load()
        {
            base.Load();
            base.m_type = PluginType.Required;

            IDocumentManageService pDocumentManageService = Application.GetDocument
ManageService();
                IDocumentActionContainer pDocumentActionContainer = pDocumentManage
Service as IDocumentActionContainer;
                 IDocumentEventContainer pDocumentEventContainer = pDocumentManageService
as IDocumentEventContainer;

            MapDocumentActionHook hook1 = new MapDocumentActionHook();
            MapDocumentEventHook hook2 = new MapDocumentEventHook();

            // 挂接文档行为挂钩和文档事件处理挂钩
             pDocumentActionContainer.AddDocumentActionHook(typeof(PLGMapDocument),
hook1);

                pDocumentEventContainer.AddDocumentEventHook(typeof(PLGMapDocument),
hook2);
        }
        public override void UnLoad()
        {
            base.UnLoad();
        }
    }
```

OG-ADF 框架还提供了 PLGSceneDocumentPlugin 插件与 PLGGlobeDocumentPlugin 插件,其作用与 PLGMapDocumentPlugin 插件类似,只是其针对的文档-视图类型不同,开发者可以根据自己的需要,重新修改或重写这些插件。

6.2.3　PLGMapContextMenuPlugin 插件

PLGMapContextMenuPlugin 插件是 OG-ADF 框架提供的一个插件，主要是针对 MapControl 类型文档的 DocumentContextMenuService 与 DocumentControl ContextMenuService 的一个缺省的实现，该插件是一个可选的插件。当用户想增加或改变右键菜单的行为，可以重写新的类似插件并加载。

OG-ADF 框架提供的 PLGMapContextMenuPlugin 插件主要实现了以下功能。

（1）当鼠标移动到 MapControl 类型文档-视图窗体的标题栏并单击右键，将弹出一个右键菜单，提供这些功能：①保存，将当前文档的内容保存；②关闭，关闭当前的文档-视图；③水平排列文档-视图，水平排列文档-视图窗口；④垂直排列文档-视图，垂直排列文档-视图窗口；⑤列表排列文档-视图，以列表的方式排列文档-视图窗口；⑥设置联动显示文档-视图，将弹出一个对话框，设置有哪些文档-视图窗体联动显示相同的地图范围；⑦排版预览，在一个弹出窗口中以排版方式显示文档中的地图内容；⑧切换地图黑白背景，切换视图中地图的黑白背景；⑨使用鹰眼图，在当前文档-视图中显示鹰眼；⑩使用放大镜，在当前文档-视图中显示放大镜。

（2）当鼠标移动到 MapControl 类型文档-视图窗体的 MapControl 上并单击右键，将弹出一个右键菜单，提供这些功能：①放大图层，放大当前的地图；②缩小图层，缩小当前的地图。

主要源代码如下：

```
public class PLGMapContextMenuPlugin: PLGPluginBase
{
    public override void Load()
    {
        base.Load();

        IEventHandleManager pEventHandleManager = null;

        ICommandService pCommandService = Application.GetService(typeof(ICommand
Service)) as ICommandService;
        if (pCommandService = = null)
            throw new PLGServiceNotFoundException("CommandService");

        //文档的 ContextMenu 初始化
        IContextMenuBar pContextMenuBar = null;
```

```
            if (!Application.GetDocumentContextMenuService(). IsLinked(typeof(PLGMap-
Document)))
                pContextMenuBar = Application.GetDocumentContextMenuService().Link-
Document(typeof(PLGMapDocument));
            else
                pContextMenuBar = Application.GetDocumentContextMenuService(). Get-
ContextMenu(typeof(PLGMapDocument));

            ICommandItem pSaveItem = new PLGCommandItem(CommandItemType.Menu, "OUNCE.
PLG.DocumentContextMenu.Save");
            pSaveItem.Text = "保存";

            ICommandItem pCloseItem = new PLGCommandItem(CommandItemType.Menu, "OUNCE.
PLG.DocumentContextMenu.Close");
            pCloseItem.Text = "关闭";

            ICommandItem pSeparator1 = new PLGCommandItem(CommandItemType.
Separator, "");
            ICommandItem pSeparator2 = new PLGCommandItem(CommandItemType.
Separator, "");
            ICommandItem pSeparator3 = new PLGCommandItem(CommandItemType.
Separator, "");

            ICommandItem pHorizontalView = new PLGCommandItem(CommandItemType.Menu,
"OUNCE.PLG.DocumentContextMenu.HorizontalView");
            pHorizontalView.Style = CommandStyleType.TextImage;
            pHorizontalView.Text = "水平排列文档-视图";
            pHorizontalView.Image = Image.FromStream(GetType().Assembly.GetManifestRe-
sourceStream(GetType(), "WinW.bmp"), false);

            ICommandItem pVerticalView = new PLGCommandItem(CommandItemType.Menu,
"OUNCE.PLG.DocumentContextMenu.VerticalView");
            pVerticalView.Style = CommandStyleType.TextImage;
            pVerticalView.Text = "垂直排列文档-视图";
            pVerticalView.Image =
Image.FromStream(GetType().Assembly.GetManifestResourceStream(GetType(), "WinH.bmp"),
false);
```

```
            ICommandItem pTabularView = new PLGCommandItem(CommandItemType.Menu,
"OUNCE.PLG.DocumentContextMenu.TabularView");
            pTabularView.Style = CommandStyleType.TextImage;
            pTabularView.Text = "列表排列文档-视图";
            pTabularView.Image = Image.FromStream(GetType().Assembly.
GetManifestResourceStream(GetType(), "WinC.bmp"), false);


            ICommandItem pViewLinkItem = new PLGCommandItem(CommandItemType.Menu,
"OUNCE.PLG.DocumentContextMenu.ViewLink");
            pViewLinkItem.Text = "设置联动显示文档-视图...";


            ICommandItem pPageLayoutItem = new PLGCommandItem(CommandItemType.Menu,
"OUNCE.PLG.DocumentContextMenu.PageLayout");
            pPageLayoutItem.Text = "排版预览";


            ICommandItem pBackColorItem = new PLGCommandItem(CommandItemType.Menu,
"OUNCE.PLG.DocumentContextMenu.BackColor");
            pBackColorItem.Text = "切换地图黑白背景";


            ICommandItem pOverviewItem = new PLGCommandItem(CommandItemType.Menu,
"OUNCE.PLG.DocumentContextMenu.Overview");
            pOverviewItem.Text = "使用鹰眼图";
            pOverviewItem.Style = CommandStyleType.TextImage;
            pOverviewItem.Image = Image.FromStream(GetType().Assembly.
GetManifestResourceStream(GetType(), "Display.bmp"), false);


            ICommandItem pMagnifierItem = new PLGCommandItem(CommandItemType.Menu,
"OUNCE.PLG.DocumentContextMenu.Magnifier");
            pMagnifierItem.Text = "使用放大镜";
            pMagnifierItem.Style = CommandStyleType.TextImage;
            pMagnifierItem.Image = Image.FromStream(GetType().Assembly.
GetManifestResourceStream(GetType(), "zoomall.bmp"), false);


            pCommandService.AddContextMenuItem(pContextMenuBar.Key, pSaveItem, -1);
            pCommandService.AddContextMenuItem(pContextMenuBar.Key, pCloseItem, -1);
            pCommandService.AddContextMenuItem(pContextMenuBar.Key, pSeparator1, -1);
            pCommandService.AddContextMenuItem(pContextMenuBar.Key, pHorizontalView, -1);
            pCommandService.AddContextMenuItem(pContextMenuBar.Key, pVerticalView, -1);
```

```
        pCommandService.AddContextMenuItem(pContextMenuBar.Key, pTabularView, -1);
        pCommandService.AddContextMenuItem(pContextMenuBar.Key, pSeparator2, -1);
        pCommandService.AddContextMenuItem(pContextMenuBar.Key, pViewLinkItem, -1);
        pCommandService.AddContextMenuItem(pContextMenuBar.Key, pPageLayoutItem, -1);
        pCommandService.AddContextMenuItem(pContextMenuBar.Key, pBackColorItem, -1);
        pCommandService.AddContextMenuItem(pContextMenuBar.Key, pSeparator3, -1);
        pCommandService.AddContextMenuItem(pContextMenuBar.Key, pOverviewItem, -1);
        pCommandService.AddContextMenuItem(pContextMenuBar.Key, pMagnifierItem, -1);


        //文档 Control 的 ContextMenu 初始化
        IContextMenuBar pContextMenuBar2 = null;
        if (!Application.GetDocumentControlContextMenuService(). IsLinked(typeof
(AxMapControl)))
                pContextMenuBar2 = Application.GetDocumentControlContextMenuService().
LinkControl(typeof(AxMapControl));
        else
                pContextMenuBar2 = Application.GetDocumentControlContextMenuService().
GetContextMenu(typeof(AxMapControl));


        ICommandItem pZoomInLayer = new PLGCommandItem(CommandItemType.Menu,
"OUNCE.PLG.DocumentControlContextMenu.ZoomInLayer");
        pZoomInLayer.Text = "放大图层";
        pCommandService.AddContextMenuItem(pContextMenuBar2.Key, pZoomInLayer, -1);


        ICommandItem pZoomOutLayer = new PLGCommandItem(CommandItemType.Menu,
"OUNCE.PLG.DocumentControlContextMenu.ZoomOutLayer");
        pZoomOutLayer.Text = "缩小图层";
        pCommandService.AddContextMenuItem(pContextMenuBar2.Key, pZoomOutLayer, -1);


        //添加事件处理包容器
        PLGCommandEventHandler commandEventHandleWrapper = new
PLGCommandEventHandler();
        pEventHandleManager = pCommandService as IEventHandleManager;
        pEventHandleManager.AddEventHandler(commandEventHandleWrapper);
    }


    public override void UnLoad()
```

```
        {
            Application.GetDocumentContextMenuService().UnlinkDocument(typeof(PLGMap-
Document));
             Application.GetDocumentControlContextMenuService().UnlinkControl(typeof
(AxMapControl));

            base.UnLoad();
        }
    }
```

例 7 是在例 5 的 MainForm 的 OnLoad 事件响应函数中，利用 PluginManage
Service加载PLGMapContextMenuPlugin. dll插件。添加如下一行代码，其中插
件的路径视具体情况而定：

```
Application.GetPluginManageService().LoadPlugin("PLGMapContextMenuPlugin", @"D:\
Plugin_Book\Bin\Debug\Plugin\PLGMapContextMenuPlugin.dll");
```

加载了 PLGMapContextMenuPlugin 插件后，当鼠标移动到 MapControl 类
型文档-视图窗体的标题栏并单击右键，将弹出一个如图 6.5 所示的右键菜单。
由该例可见，通过插件很容易扩展系统的功能。

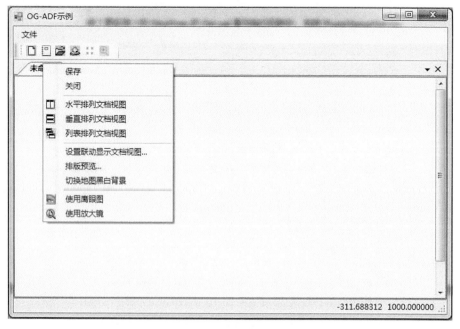

图 6.5 例 7 运行结果示意图

　　仿照该插件的思路,用户可以很容易开发出自己的基于文档-视图的右键弹出式菜单。

6.2.4　PLGTOCExplorer 插件

　　PLGTOCExplorer 插件是由 OG-ADF 框架提供的专门针对多文档-视图而显示图例信息的插件,它能根据当前的活动文档自动显示相应的图层信息,目前该插件支持 MapControl 类型、SceneControl 类型、GlobeControl 类型的文档。

　　PLGTOCExplorer 插件装载后表现为一个可停靠的窗体,一开始自动停靠到主窗体的左边。PLGTOCExploer 插件的主要作用是能根据当前活动的地图文档,自动显示地图文档中地图的图例内容。

　　例 8 是在例 7 的 MainForm 的 OnLoad 事件响应函数中,利用 PluginManage Service 加载 PLGTOCExplorer. dll 插件。添加如下一行代码,其中插件的路径视具体情况而定:

```
Application.GetPluginManageService().LoadPlugin("PLGTOCExplorer", @"D:\Plugin_
Book\Bin\Debug\Plugin\PLGTOCExplorer.dll");
```

　　运行结果如图 6.6 所示。

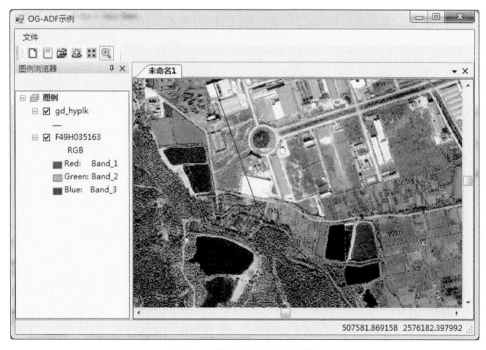

图 6.6　例 8 运行结果示意图

PLGTOCExplorer 插件的主要源代码如下：

```
public class TOCExplorer: PLGPluginBase
{
    public override void Load()
    {
        base.Load();

        // TOCExplorerForm 继承自 DockForm,在其中放置了 AcrEngine 的 TOCControl 控件.
        TOCExplorerForm tf = new TOCExplorerForm();
        IPLGApplication application = PLGApplication.GetInstance();
        IPanelManageService pPanelManageService = application.GetPanelManage
Service();
        IPluginManageService pPluginManageService = application.GetPluginManage
Service();

        IPanel pPanel = new PLGPanel("OUNCE.PLG.TOCExplorer", tf);
        pPanelManageService.AddPanel(pPanel);
        // 在主窗体的左边显示图例窗体.
        pPanel.Show(PanelDockState.DockLeft);
    }

    public override void UnLoad()
    {
        IPLGApplication application = PLGApplication.GetInstance();
        IPanelManageService pPanelManageService = application.GetPanelManage
Service();
        IPanel pPanel = pPanelManageService.GetPanel("OUNCE.PLG.TOCExplorer");
        DockForm df = pPanel.Panel as DockForm;
        pPanelManageService.RemovePanel("OUNCE.PLG.TOCExplorer");
        df.Close();
        base.UnLoad();
    }
}
```

6.3　OG-ADF 框架的事件处理

OG-ADF 框架提供了一套事件处理机制，主要目的是使开发者能非常灵活地编写事件响应的代码，做到了事件响应代码与发生事件对象的分离。开发者可以通过全局对象 PLGApplication 的 GetInstance 方法，利用关键字得到要编写事件处理代码对象的实例，针对该实例编写事件处理代码。

　　事件处理涉及两个接口：IEventHandler 接口与 IEventHandleManager 接口。OG-ADF 框架的几个核心服务实现类，如 PLGCommandService 类，PLG-DocumentManageService 类、PLGDocumentMenuService 类、PLGDocument-ControlContextMenuService 类、PLGStatusBarService 类等均实现了 IEventHandleManager 接口。表明这些服务所管理的对象的事件处理代码是写在 IEventHandler 接口的实现类中，并且分别通过 IEventHandleManager 接口加载各自的服务进行处理（图 6.7）。

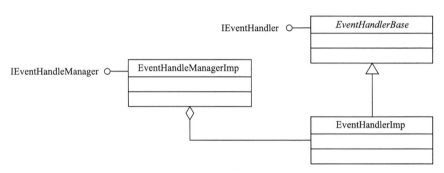

图 6.7　EventHandler 类图

IEventHandler 接口的属性方法如下。

（1）Document 属性：该 EventHandler 所对应的 Document。

（2）AddHandler 方法：为对象实例添加事件处理的代理。

（3）RemoveHandler 方法：移除对象实例的事件处理的代理。

IEventHandleManager 接口的属性方法如下。

（1）AssociateDocument 属性：关联的 Document。

（2）EventHandlerCount 属性：EventHandler 的个数。

（3）AddEventHandler 方法：将一个 EventHandler 对象添加到 EventHandleManager 中。

（4）RemoveEventHandler 方法：从 EventHandleManager 中移除一个 EventHandler。

（5）GetEventHandler 方法：从 EventHandlerManager 中得到一个 EventHandler。

　　在 OG-ADF 框架中，任何实现 IEventHandleManager 接口的服务中的对象都可以把其事件处理代码写入到实现了 IEventHandler 接口的多个对象中，再通过 AddEventHandler 方法将该对象添加到服务中处理。

　　例 9 是在例 2 基础上，添加一个下拉菜单，然后，创建一个实现 IEvent Handler 接口的类 PLGCommandEventHandler，PLGCommandEventHandler 类继承自 EventHandlerBase 基类，并利用 IEventHandleManager 接口与 IEvent Handler 接口进行菜单的事件响应处理。

在 MainForm 的 OnLoad 事件中,加入以下代码:

```
// 创建一个下拉菜单:
ICommandItem coHelp = new PLGCommandItem(CommandItemType.Menu, "OUNCE.PLG.Help");
coHelp.Text = "帮助";
coHelp.TipText = "帮助";

ICommandItem[] coHelps = new ICommandItem[3];
coHelps[0] = new PLGCommandItem(CommandItemType.Menu, "OUNCE.PLG.Help.ManagePlu-
gin");
coHelps[0].Text = "插件管理";
coHelps[0].TipText = "插件管理";
coHelps[1] = new PLGCommandItem(CommandItemType.Separator, "");
coHelps[2] = new PLGCommandItem(CommandItemType.Menu, "OUNCE.PLG.Help.AppMetada-
ta");
coHelps[2].Text = "应用元数据";
coHelps[2].TipText = "应用元数据";

//将 key 为 OUNCE.PLG.Help 的菜单项添加到 key 为 OUNCE.PLG.MainMenu 的菜单条中.
ICommandService pCommandService = Application.GetService(typeof(ICommandService))
as ICommandService;

pCommandService.AddMenuItem("OUNCE.PLG.MainMenu", coHelp, -1);
pCommandService.AddDropdownMenuItem("OUNCE.PLG.Help", coHelps);
// 新建事件处理对象
PLGCommandEventHandler commandEventHandleWrapper = new PLGCommandEventHandler();
// 将事件处理对象添加到 CommandService 的 EventManager 中
  IEventHandleManager pEventHandleManager = pCommandService as IEventHandleManager;
  pEventHandleManager.AddEventHandler(commandEventHandleWrapper);

//在工程中添加一个 PLGCommandEventHandler.cs 文件,代码如下:
public class PLGCommandEventHandler: EventHandlerBase
{
    public PLGCommandEventHandler()
```

```
        {
        }

        public override void AddHandler()
        {
            AddClickHandler("OUNCE.PLG.Help.ManagePlugin", new
EventHandler(coHelp_ManagePlugin_Click));
            AddClickHandler("OUNCE.PLG.Help.AppMetadata", new
EventHandler(coHelp_AppMetadata_Click));
        }

        public override void RemoveHandler()
        {
        }

        #region Click event handle
        private void coHelp_ManagePlugin_Click(object sender, EventArgs e)
        {
            IPLGApplicationUI pUI = PLGApplication.GetInstance() as IPLGApplicationUI;
            pUI.ManagePlugin();
        }

        private void coHelp_AppMetadata_Click(object sender, EventArgs e)
        {
            IPLGApplicationUI pUI = PLGApplication.GetInstance() as IPLGApplicationUI;
            pUI.ListApplicationMetaData();
        }
        #endregion
    }
```

　　将上述代码添加后，会出现标题为"帮助"的下拉菜单，点击"应用元数据"项，出现如图 6.8 所示的运行结果。

　　OG-ADF 框架通过这种事件处理机制接口，可以帮助开发者很灵活地组织事件处理代码，使得开发者可以通过多种方式（如利用插件）进行事件的响应处理。

图 6.8　例 9 运行结果示意图

第 7 章　SpatialDatabaseManageService

SpatialDatabaseManageService 即空间数据管理服务，该服务不属于 OG-ADF 框架的核心服务。该服务由 OG-ADF 框架提供实现，其核心功能就是以无限分级、分类的树形目录方式，管理用户的各种格式、各种类型的空间数据。

整个 SpatialDatabaseManageService 包括：ISpatialDatabaseManageService 相关接口及其实现类、ISpatialDatabaseManageAdapter 接口及其实现类、SpatialDatabaseManageService 插件及 UI 管理界面。

SpatialDatabseManageService 的类图如图 7.1 所示。

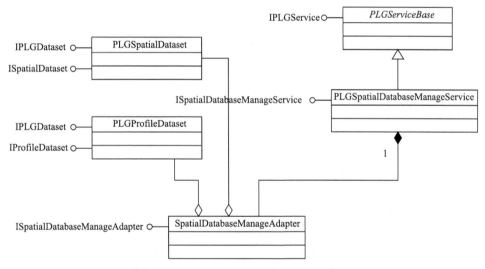

图 7.1　SpatialDatabaseManageService 类图

7.1　SpatialDatabaseManageService 接口

7.1.1　IPLGDataset 系列接口

IPLGDataset 系列接口包括 IPLGDataset、ISpatialDataset、IProfileDataset 3 个接口，ISpatialDataset、IProfileDataset 接口均继承自 IPLGDataset 接口。

1. IPLGDataset 接口

IPLGDataset 接口是一个父接口，定义了数据集管理的基本属性。

（1）ID 属性：是一个 48 位的 UUID 值，唯一标识一个空间数据集。

（2）FatherID 属性：是一个 48 位的 UUID 值，标识某一空间数据集的父集，通过该属性，可以分多层次管理空间数据集。

（3）Title 属性：某一空间数据集的标题。

（4）Description 属性：某一空间数据集的描述。

2. ISpatialDataset 接口

ISpatialDataset 接口继承自 IPLGDataset 接口。提供了关于空间数据集的基本定义，通过这些属性，可以对空间数据集进行访问。

（1）ConnectorType 属性：该数据集数据源连接类型分为 Shapefile、Personal Geodabase、File GeoDataBase、Raster file、Dwg file、Tin、SDE 等。

（2）ConnectorProperty 属性：连接数据源所需的参数。

（3）OpenerType 属性：空间数据集的打开方式分为 FeatureClass、Annotation、RasterSet、RasterCatalog、RasterBand、Tin file、Dwg。

（4）DatasetName 属性：空间数据集的名称。

（5）Scale 属性：空间数据集的比例尺。

（6）XMin 属性：X 值的最小值。

（7）XMax 属性：X 值的最大值。

（8）YMin 属性：Y 值的最小值。

（9）YMax 属性：Y 值的最大值。

（10）ZMin 属性：Z 值的最小值。

（11）ZMax 属性：Z 值的最大值。

3. IProfileDataset 接口

IProfileDataset 接口继承自 IPLGDataset 接口，IProfileDataset 接口用于管理 ArcMap 等桌面软件产生的工程描述文件（Profile 文件），如 MXD 文件，它能够将用户产生的 MXD 文件以多级目录的形式组织起来。

（1）ProfileType 属性：工程描述文件（Profile 文件）的类别可分为 MXD、SXD、3DD 等。

（2）ProfilePath 属性：工程描述文件（Profile 文件）的路径。

7.1.2　ISpatialDatabaseManageService 接口

ISpatialDatabaseManageService 接口定义了 SpatialDatabaseManageService 的基本属性与方法。PLGSpatialDatabaseManageService 类是 ISpatialDatabase-ManageService接口的实现类。但在 PLGSpatialDatabaseManageService 中并不对

ISpatialDatabaseManageService 接口进行具体实现，而是通过调用 Adapter 属性来完成具体的实现。Adapter 属性是一个实现了 ISpatialDatabaseManageAdapter 接口的对象，关于其详情将在 7.2 节介绍。

（1）AdapterType 属性：Adapter 的类型分别为 Xml，Access，Oracle，PostgreSQL 等。

（2）Adapter 属性：具体实现 SpatialDatabaseManageService 的 Adapter。

（3）AddDataset 方法：向服务中添加一个数据集。

（4）GetDataset 方法：从服务中得到一个数据集。

（5）GetSubDataset 方法：得到某一个数据集的所有子数据集。

（6）GetAllLeafDatasets 方法：得到某个数据集的所有最基层的叶子数据集。

（7）OpenDatasetInCanvas 方法：在地图控件中打开数据集。

（8）Connect 方法：连接存放数据集信息的数据源。

（9）Disconnect 方法：断开连接。

7.2　SpatialDatabaseManageService 适配器

整个 SpatialDatabaseManageService 其实是一个典型的三层设计，如图 7.2 所示。

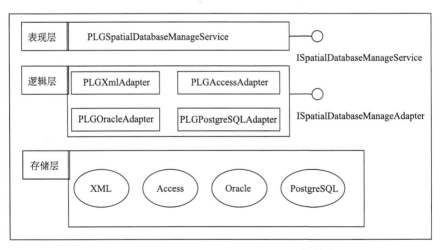

图 7.2　SpatialDatabaseManageService 逻辑结构图

表现层是 PLGSpatialDatabaseManageService 对象，外界一致地通过 ISpatialDatabaseManageService 接口来使用该服务。逻辑层通过实现 ISpatialDatabaseManageAdapter 接口的对象组完成，逻辑层直接与具体服务持久化信息的存储方式打交道，如果需要服务支持新的存储方式，只需要为该新存储方式提供一个实现了 ISpatialDatabaseManageAdapter 接口的对象即可。存储层对应不同的存储方式，如 XML、Access、Oracle、PostgreSQL 等。

ISpatialDatabaseManageAdapter 接口的定义基本上与 ISpatialDatabaseManageService 接口类似。该接口提供的方法如下。

(1) AddDataset 方法：向服务中添加一个数据集。

(2) GetDataset 方法：从服务中得到一个数据集。

(3) GetSubDataset 方法：得到某一个数据集的所有子数据集。

(4) GetAllLeafDatasets 方法：得到某个数据集的所有最基层的叶子数据集。

(5) OpenDatasetInCanvas 方法：在地图控件中打开数据集。

(6) Connect 方法：连接存放数据集信息的数据源。

(7) Disconnect 方法：断开连接。

PLGSpatialDatabaseManageService 是 ISpatialDatabseManageService 接口的实现类，其实现的代码如下所示。从以下代码中可以看到，ISpatialDatabaseManageService 接口的所有方法都是通过 Adapter 的 ISpatialDatabaseManageAdapter 接口实现。

```
public class PLGSpatialDatabaseManageService: PLGServiceBase, ISpatialDatabaseMan-
ageService
{
    private IPLGApplication m_application;
    internal XmlDocument m_doc = new XmlDocument();
    private ISpatialDatabaseManageAdapter m_pAdapter;
    private IPLGDatasetOpener m_pOpener;

    public PLGSpatialDatabaseManageService()
    {
        m_application = PLGApplication.GetInstance();
        m_name = "SpatialDatabaseManageService";
        m_description = "Priovide spatial database hiberarchy management service.";
    }

    #region ISpatialDatabaseManageService Member

    public String AdapterType
    {
```

```
get
{
    RegistryKey root = Registry.CurrentUser;
    RegistryKey sKey = root.OpenSubKey("SOFTWARE\\OUNCE\\SDBMSAdapter", true);
    if (sKey = = null) return "Unknown";

    object temp;
    temp = sKey.GetValue("Type");
    if (temp = = null) return "Unknown";
    String strAdapterType = temp.ToString();
    return strAdapterType.Trim();
    }
}


public bool Connect()
{
    if (m_pAdapter ! = null)
        return m_pAdapter.Connect();
    else
        return false;
}


public void Disconnect()
{
    if (m_pAdapter ! = null)
        m_pAdapter.Disconnect();
}


public ISpatialDatabaseManageAdapter Adapter
{
    get { return m_pAdapter; }
    set { m_pAdapter = value; }
}


public void AddDataset(String fatherID, IPLGDataset pDataset)
{
    if (m_pAdapter ! = null)
        m_pAdapter.AddDataset(fatherID, pDataset);
```

```
    }

    public IPLGDataset GetDataset(Type datasetType, String ID)
    {
        if (m_pAdapter ! = null)
            return m_pAdapter.GetDataset(datasetType, ID);
        else
            return null;
    }

    public IPLGDataset[] GetSubDatasets(Type datasetType, String fatherID)
    {
        if (m_pAdapter ! = null)
            return m_pAdapter.GetSubDatasets(datasetType, fatherID);
        else
            return null;
    }

    public IPLGDataset[] GetAllLeafDatasets(Type datasetType, String fatherID)
    {
        if (m_pAdapter ! = null)
            return m_pAdapter.GetAllLeafDatasets(datasetType, fatherID);
        else
            return null;
    }

    public void UpdateDataset(IPLGDataset pDataset)
    {
        if (m_pAdapter ! = null)
            m_pAdapter.UpdateDataset(pDataset);
    }

    public void RemoveDataset(Type datasetType, String ID)
    {
        if (m_pAdapter ! = null)
            m_pAdapter.RemoveDataset(datasetType, ID);
    }
```

```
     public void OpenDatasetInCanvas(IPLGDatasetOpener pOpener, IPLGDataset
pDataset, Control geoCanvas)
     {
         if (pOpener ! = null)
             pOpener.Open(pDataset, geoCanvas);
     }
}
```

7. 3　SpatialDatabaseManageService 相关插件及 UI

OG-ADF 框架实现了 SpatialDatabaseManageService 及其多个 Adapter 对象, 支持 XML、Access、Oracle、PostgreSQL 等存储方式。另外, OG-ADF 框架还在此基础上, 实现了一个服务插件及其 UI 对话框。用户可以直接装载该插件使用或者基于 ISpatialDatabaseManageService 接口开发自己所需的插件。

7.3.1　PLGSpatialDatabaseExplorer 插件

SpatialDatabaseExplorer 类继承自 PLGPluginBase 基类, SpatialDatabase-Explorer 插件的核心是 SpatialDatabaseExplorerForm 对话框, 该对话框继承自 DockForm。通过 PanelManageService, 在插件加载时, 自动以 Dock 方式停靠在主窗体的左边。其主要源代码如下:

```
public class SpatialDatabaseExplorer: PLGPluginBase
{
    public override void Load()
    {
        base.Load();
        SpatialDatabaseExplorerForm sf = new SpatialDatabaseExplorerForm();
        IPLGApplication application = PLGApplication.GetInstance();
        IPanelManageService pPanelManageService = application.GetPanelManage
Service();
        IPluginManageService pPluginManageService = application.GetPluginManage
Service();

        IPanel pPanel = new PLGPanel("OUNCE.PLG.SpatialDatabaseExplorer", sf);
        pPanelManageService.AddPanel(pPanel);
        pPanel.Show(PanelDockState.DockLeft);
```

```
        IExposedObject pExposedObject = this as IExposedObject;
        pExposedObject.AddObject("OUNCE.PLG.SpatialDatabaseExplorerTreeView",
sf.spatialDatabaseExplorerTreeView as object);


    }


    public override void UnLoad()
    {
        IPLGApplication application = PLGApplication.GetInstance();
        IPanelManageService pPanelManageService = application.GetPanelManageService();
        IPanel pPanel = pPanelManageService.GetPanel("OUNCE.PLG.SpatialDatabaseEx-
plorer");
        DockForm df = pPanel.Panel as DockForm;
        pPanelManageService.RemovePanel("OUNCE.PLG.SpatialDatabaseExplorer");
        df.Close();
        base.UnLoad();
    }
}
```

例 10 是在例 2 MainForm 的 OnLoad 事件响应函数中，利用 PluginManage
Service 加 载 PLGMapOperate. dll、PLGGlobeOperate. dll、SpatialDatabaseEx-
plorer. dll 插件。其中插件的路径视具体情况而定，PLGMapOperate. dll、PLG-
GlobeOperate. dll 是 OG-ADF 提供的插件，其中集成了一系列的命令和工具，
可直接调用。运行结果如图 7.3 所示。

```
    Application.GetPluginManageService().LoadPlugin("PLGMapOperate",
@"D:\Plugin_Book\Bin\Debug\Plugin\PLGMapOperate.dll");
    Application.GetPluginManageService().LoadPlugin("PLGGlobeOperate",
@"D:\Plugin_Book\Bin\Debug\Plugin\PLGGlobeOperate.dll");
    Application.GetPluginManageService().LoadPlugin("SpatialDatabaseExplorer",
@"D:\Plugin_Book\Bin\Debug\Plugin\PLGSpatialDatabaseExplorer.dll");
```

7.3.2 SpatialDatabaseExplorer 对话框

SpatialDatabaseExplorer 对 话 框 的 主 体 是 一 个 TreeView 控件，利 用
TreeView 控件，以树形目录的方式来分级、分层次管理空间数据集，如图 7.4
所示。在对话框中，通过调用 SpatialDatabaseManageService 的方法，对 Tree-
View 的条目进行添加、修改、删除、查找。

SpatialDatabaseExplorerForm 的主要源代码如下：

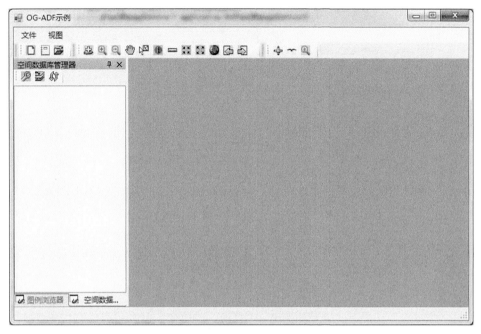

图 7.3　例 10 运行结果示意图

图 7.4　SpatialDatabaseExplorer 对话框

```
public partial class SpatialDatabaseExplorerForm: DockForm
{
    private ISpatialDatabaseManageService m_pSpatialDatabaseManageService = null;
    private IPLGApplication m_pApplication = null;
    private ContextMenuStrip m_contextMenu;

    private String m_strAdapterType;
    private String m_strConnectString;

    TreeNode m_hitTreeNode = null;

    public SpatialDatabaseExplorerForm()
    {
        m_pApplication = PLGApplication.GetInstance();
        InitializeComponent();
    }

    protected override void OnRightToLeftLayoutChanged(EventArgs e)
    {
        spatialDatabaseExplorerTreeView.RightToLeftLayout = RightToLeftLayout;
    }

    private void SpatialDatabaseExplorerForm_Load(object sender, EventArgs e)
    {
        Initialize();
        InitContextMenu();
    }

    private void Initialize()
    {
        spatialDatabaseExplorerTreeView.ContextMenuStrip = new
System.Windows.Forms.ContextMenuStrip();
        m_contextMenu = spatialDatabaseExplorerTreeView.ContextMenuStrip;

        m_pSpatialDatabaseManageService =
m_pApplication.GetService(typeof(ISpatialDatabaseManageService)) as ISpatialDatabaseMa-
nageService;
```

```
            String adapterType = m_pSpatialDatabaseManageService.AdapterType;
            if (adapterType = = "Unknown") return;

            if (adapterType = = "Xml")
            {
                ISpatialDatabaseManageAdapter pAdapter = new
OUNCE.PLG.PLGXmlAdapter.
SpatialDatabaseManageAdapter();
                m_pSpatialDatabaseManageService.Adapter = pAdapter;
            }

            if (adapterType = = "Access")
            {
                ISpatialDatabaseManageAdapter pAdapter = new
OUNCE.PLG.
PLGAccessAdapter.SpatialDatabaseManageAdapter();
                m_pSpatialDatabaseManageService.Adapter = pAdapter;
            }

            if (adapterType = = "Oracle")
            {
                ISpatialDatabaseManageAdapter pAdapter = new
OUNCE.PLG.
PLGOracleAdapter.SpatialDatabaseManageAdapter();
                m_pSpatialDatabaseManageService.Adapter = pAdapter;
            }

            m_pSpatialDatabaseManageService.Connect();

            ISpatialDataset[] sds =
m_ pSpatialDatabaseManageService. GetSubDatasets (typeof (ISpatialDataset),"") as ISpa-
tialDataset[];
            for (int i = 0; i < sds.Length; i+ +)
            {
                TreeNode tn = new TreeNode(sds[i].Title, 1, 1);
                tn.Tag = sds[i] as System.Object;
                spatialDatabaseExplorerTreeView.Nodes.Add(tn);
```

```
        if (m_pSpatialDatabaseManageService.GetSubDatasets(typeof(ISpatial-
Dataset), sds[i].ID).Length = = 0 && sds[i].DatasetName.Trim().Length > 0)
            {
                tn.ImageIndex = 5;
                tn.SelectedImageIndex = 5;
            }
            AddSubDatasetNode(tn, sds[i]);
        }


        IProfileDataset[] pds =
m_pSpatialDatabaseManageService.GetSubDatasets(typeof(IProfileDataset), "") as IPro-
fileDataset[];
        for (int i = 0; i < pds.Length; i+ + )
        {
            TreeNode tn = new TreeNode(pds[i].Title, 0, 0);
            tn.Tag = pds[i] as System.Object;
            spatialDatabaseExplorerTreeView.Nodes.Add(tn);

            if (m_pSpatialDatabaseManageService.GetSubDatasets(typeof(IProfile-
Dataset),pds[i].ID).Length = = 0 && pds[i].ProfilePath.Trim().Length > 0)
            {
                if (pds[i].ProfileType = = "MXD")
                {
                    tn.ImageIndex = 4;
                    tn.SelectedImageIndex = 4;
                }

                if (pds[i].ProfileType = = "SXD")
                {
                    tn.ImageIndex = 6;
                    tn.SelectedImageIndex = 6;
                }

                if (pds[i].ProfileType = = "3DD")
                {
                    tn.ImageIndex = 7;
                    tn.SelectedImageIndex = 7;
                }
```

```
                }
                AddSubProfileDatasetNode(tn, pds[i]);
            }

            m_pSpatialDatabaseManageService.Adapter.Disconnect();
        }


        private void spatialDatabaseExplorerTreeView_MouseDown(object sender, Mou-
seEventArgs e)
        {
            if (e.Button = = MouseButtons.Right)
            {
                TreeViewHitTestInfo tvHit = spatialDatabaseExplorerTreeView.HitTest
(e.X, e.Y);
                m_hitTreeNode = tvHit.Node;
                //tn.p
                if (m_hitTreeNode ! = null
&& ! m_hitTreeNode.Equals(spatialDatabaseExplorerTreeView.Nodes[0]))
                {
//                    SetContextMenu();
                    m_contextMenu.Show(spatialDatabaseExplorerTreeView, e.X, e.Y);
                }
            }
        }


        private void AddSubDatasetNode(TreeNode tn, ISpatialDataset pSpatialDataset)
        {
            ISpatialDataset[] dss =
m_pSpatialDatabaseManageService.GetSubDatasets(typeof(ISpatialDataset),
pSpatialDataset.ID) as ISpatialDataset[];
            for (int i = 0; i < dss.Length; i+ +)
            {
                TreeNode tn0 = new TreeNode(dss[i].Title, 1, 1);
                tn0.Tag = dss[i] as System.Object;
                tn.Nodes.Add(tn0);

                if (m_pSpatialDatabaseManageService.GetSubDatasets(typeof(ISpatial
Dataset), dss[i].ID).Length = = 0 && dss[i].DatasetName.Trim().Length > 0)
```

```
            {
                tn0.ImageIndex = 5;
                tn0.SelectedImageIndex = 5;
            }
            AddSubDatasetNode(tn0, dss[i]);
        }
    }


    private void AddSubProfileDatasetNode(TreeNode tn, IProfileDataset pProfile-
Dataset)
        {
            IProfileDataset[] pss =
m_pSpatialDatabaseManageService.GetSubDatasets(typeof(IProfileDataset),
pProfileDataset.ID) as IProfileDataset[];
            for (int i = 0; i < pss.Length; i++)
            {
                TreeNode tn0 = new TreeNode(pss[i].Title, 0, 0);
                tn0.Tag = pss[i] as System.Object;
                tn.Nodes.Add(tn0);
                if (m_pSpatialDatabaseManageService.GetSubDatasets(typeof(IProfile
Dataset), pss[i].ID).Length == 0 && pss[i].ProfilePath.Trim().Length > 0)
                {
                    if (pss[0].ProfileType == "MXD")
                    {
                        tn0.ImageIndex = 4;
                        tn0.SelectedImageIndex = 4;
                    }

                    if (pss[0].ProfileType == "SXD")
                    {
                        tn0.ImageIndex = 6;
                        tn0.SelectedImageIndex = 6;
                    }

                    if (pss[0].ProfileType == "3DD")
                    {
                        tn0.ImageIndex = 7;
                        tn0.SelectedImageIndex = 7;
```

```
            }
        }
        AddSubProfileDatasetNode(tn0, pss[i]);
    }
}

private void InitContextMenu()
{
    m_contextMenu.Items.Add("打开数据集到新视图", null, OpenDatasetInNew-
View);
    m_contextMenu.Items.Add("打开数据集到当前视图", null, OpenDatasetInCur-
rentView);
    m_contextMenu.Items.Add(new ToolStripSeparator());
    m_contextMenu.Items.Add("属性", null, ShowProperty);
}

private void ShowProperty(object sender, EventArgs e)
{
    DatasetPropertyForm fm = new DatasetPropertyForm(m_hitTreeNode);
    fm.ShowDialog();
}

private void OpenDatasetInNewView(object sender, EventArgs e)
{
    IPLGDatasetOpener pOpener = new PLGDatasetOpener();
    m_pSpatialDatabaseManageService.Adapter.Connect(m_strConnectString);
    if (m_hitTreeNode.Tag is ISpatialDataset)
    {
        IDocument pDoc = new PLGMapDocument();
        pDoc.New();
        IDocumentView pDocumentView = pDoc as IDocumentView;
        AxMapControl axMapControl = pDocumentView.DocControl as AxMapControl;
        ISpatialDataset pSpatialDataset = m_hitTreeNode.Tag as ISpatialDataset;
        m_pSpatialDatabaseManageService.OpenDatasetInCanvas(pOpener, pSpa-
tialDataset as IPLGDataset, axMapControl as Control);
        DockForm fm = pDocumentView.ViewForm as DockForm;
        fm.TabText += "|" + pSpatialDataset.Title;
        pDoc.OnActivate();
```

```
        }

    if (m_hitTreeNode.Tag is IProfileDataset)
    {
        IProfileDataset pProfileDataset = m_hitTreeNode.Tag as IProfileDataset;
        if (pProfileDataset.ProfileType = = "MXD")
        {
            IDocument pDoc = new PLGMapDocument();
            pDoc.New();
            IDocumentView pDocumentView = pDoc as IDocumentView;
            AxMapControl axMapControl = pDocumentView.DocControl as AxMapControl;
            axMapControl.LoadMxFile(pProfileDataset.ProfilePath);
            DockForm fm = pDocumentView.ViewForm as DockForm;
            fm.TabText = pProfileDataset.Title;
        }

        if (pProfileDataset.ProfileType = = "SXD")
        {
            IDocument pDoc = new PLGSceneDocument();
            pDoc.New();
            IDocumentView pDocumentView = pDoc as IDocumentView;
            AxSceneControl axSceneControl = pDocumentView.DocControl as AxSce-
neControl;
            axSceneControl.LoadSxFile(pProfileDataset.ProfilePath);
            DockForm fm = pDocumentView.ViewForm as DockForm;
            fm.TabText = pProfileDataset.Title;
            pDoc.OnActivate();
        }

        if (pProfileDataset.ProfileType = = "3DD")
        {
            IDocument pDoc = new PLGGlobeDocument();
            pDoc.New();
            IDocumentView pDocumentView = pDoc as IDocumentView;
            AxGlobeControl axGlobeControl = pDocumentView.DocControl as AxGlo-
beControl;
            axGlobeControl.Load3dFile(pProfileDataset.ProfilePath);
            DockForm fm = pDocumentView.ViewForm as DockForm;
```

```
                fm.TabText = pProfileDataset.Title;
                pDoc.OnActivate();
            }
        }
        m_pSpatialDatabaseManageService.Adapter.Disconnect();
    }


    private void OpenDatasetInCurrentView(object sender, EventArgs e)
    {
        IDocumentManageService pDocumentManageService =
PLGApplication.
GetInstance().GetDocumentManageService();
        m_pSpatialDatabaseManageService.Adapter.Connect(m_strConnectString);
        IPLGDatasetOpener pOpener = new PLGDatasetOpener();

        if (m_hitTreeNode.Tag is ISpatialDataset)
        {
            if (pDocumentManageService.ActiveDocument = = null) return;
            IDocumentView pDocumentView = pDocumentManageService.ActiveDocument
as IDocumentView;
            if (pDocumentView.DocControl is AxMapControl)
            {
                AxMapControl axMapControl = pDocumentView.DocControl as AxMapControl;

                ISpatialDataset pSpatialDataset = m_hitTreeNode.Tag as ISpatial-
Dataset;
                m_pSpatialDatabaseManageService.OpenDatasetInCanvas(pOpener,
pSpatialDataset as IPLGDataset, axMapControl as Control);
                DockForm fm = pDocumentView.ViewForm as DockForm;
                fm.TabText + = pSpatialDataset.Title;
            }
            pDocumentManageService.ActiveDocument.OnActivate();
            m_pSpatialDatabaseManageService.Adapter.Disconnect();
        }

        if (m_hitTreeNode.Tag is IProfileDataset)
        {
            IProfileDataset pProfileDataset = m_hitTreeNode.Tag as IProfileDataset;
```

```
            IDocumentView pDocumentView = pDocumentManageService.ActiveDocument
as IDocumentView;

        if (pDocumentView.DocControl is AxMapControl)
        {
            if (pProfileDataset.ProfileType ! = "MXD")
            {
                MessageBox.Show("文档类型不匹配!");
                return;
            }
        }

        if (pDocumentView.DocControl is AxSceneControl)
        {
            if (pProfileDataset.ProfileType ! = "SXD")
            {
                MessageBox.Show("文档类型不匹配!");
                return;
            }
        }

        if (pDocumentView.DocControl is AxGlobeControl)
        {
            if (pProfileDataset.ProfileType ! = "3DD")
            {
                MessageBox.Show("文档类型不匹配!");
                return;
            }
        }

        m_pSpatialDatabaseManageService.OpenDatasetInCanvas(pOpener, pProfile-
Dataset as IPLGDataset, pDocumentView.DocControl as Control);
        DockForm fm = pDocumentView.ViewForm as DockForm;
        fm.TabText = pProfileDataset.Title;
        pDocumentManageService.ActiveDocument.OnActivate();
        m_pSpatialDatabaseManageService.Adapter.Disconnect();
    }
}
```

```
        private void tbSetting_Click(object sender, EventArgs e)
        {
            SpatialDatabaseManageSettingForm fm = new SpatialDatabaseManageSettingForm();
            fm.ShowDialog();
        }

        private void tsbCreate_Click(object sender, EventArgs e)
        {
            CreateSpatialDatabaseManageSourceForm fm = new CreateSpatialDatabaseMan-
ageSourceForm();
            fm.ShowDialog();
        }

        private void tsbRefresh_Click(object sender, EventArgs e)
        {
            spatialDatabaseExplorerTreeView.Nodes.Clear();
            m_contextMenu.Items.Clear();
            Initialize();
            InitContextMenu();
        }
    }
```

7.3.3　SpatialDatabaseManageService 的几个 UI 对话框

为了更方便地使用 SpatialDatabaseManageService，OG-ADF 框架提供了几个 UI 对话框，用户可以直接使用这些对话框配置、创建 SpatialDatabaseManageService 的数据存储。这些对话框都调用了 ISpatialDatabaseManageService 接口中的方法，开发者完全可以自行定制类似功能的对话框。

■ **SpatialDatabaseManageSettingForm 对话框**

SpatialDatabaseManageSettingForm 对话框用于 SpatialDatabaseManageService 数据存储设置对话框，该对话框位于 OUNCE. PLG. PLGMapUtilityUI 命名空间下，可以直接在程序中调用它，通过该对话框设置 SpatialDatabaseManageService 数据存储参数，如图 7.5 所示。图 7.6 是以 XML 作为存储方式的参数设置示例，创建的空间数据集的目录将存储在 e：\ Plugin \ Data \ sd. xml 中。

■ **CreateSpatialDatabaseManageSourceForm 对话框**

CreateSpatialDatabaseManageSourceForm 对话框用于创建 SpatialDatabaseManageService 数据集目录对话框，该对话框位于 OUNCE. PLG. PLGMapUtilityUI

图 7.5　SpatialDatabaseManageSettingForm 对话框 1

图 7.6　SpatialDatabaseManageSettingForm 对话框 2

命名空间下，利用该对话框，用户可以创建多层次的多级空间数据集目录，如图 7.7 所示。

　　以国家地理信息中心提供的 1∶400 万数据为例，演示如何建立多级的空间数据集目录。在国家基础地理信息中心的网站 http://nfgis.nsdi.gov.cn 上，全国 1∶400 万数据库中的全部数据均可浏览。其中，中国国界、省界、地市级以上居民地、三级以上河流、主要公路和主要铁路等数据均可以自由下载。该数据库是在全国 1∶100 万基础地理信息共享平台数据库的基础上派生的，系全国无缝拼接的分层数据。主要内容包括县和县级以上境界、县和县以上人民政府驻

图 7.7　CreateSpatialDatabaseManageSourceForm 对话框

地、5 级以上河流、主要公路和铁路等。

　　首先运行例 10，点击图 7.3 中的 按钮，则弹出图 7.5、图 7.6 的对话框，设置 XML 存储类型的 sd. xml 文件保存空间数据集目录。

　　点击图 7.3 中的 按钮，则弹出图 7.7 的对话框。点击"添加数据集按钮"，弹出如图 7.8 所示的对话框。

　　系统已自动为新的数据集生成唯一的 ID 号，以 48 位的 UUID 号来表示。在"标题"文本框中输入"1∶400 万中国地图数据"，"说明"、"比例尺"等可以为空。下一步就是设置该数据集的连接参数，点击"设置"按钮，弹出如图 7.9 所示的对话框。

　　在连接类型的下拉列表框中，有多个连接类型可选，包括"Shapefile"、"Raster file"、"Personal Geodatabase"、"File Geodatabase"、"SDE"、"DWG file"、"Tin file"。在本例中，选择"Shapefile"，在"PATH"文本框中，输入数据集 Shapefile 文件所在的文件夹，本例为"C：\ temp \ Data"。由于本数据集不是最底层数据集，所以到此为止，本数据集的所有参数设置完毕，点击"确定"按钮，结果如图 7.10 所示。在左侧的目录树中，选中"1∶400 万中国地图数据"条目，可以添加其下一层数据集，点击"添加数据集按钮"，弹出如图 7.11 所示的对话框。

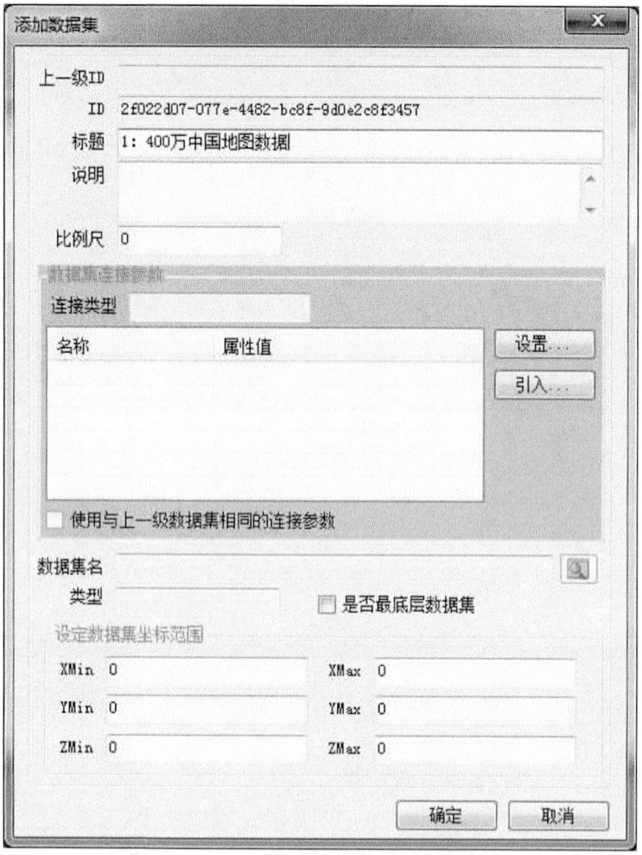

图 7.8　添加第一个数据集对话框

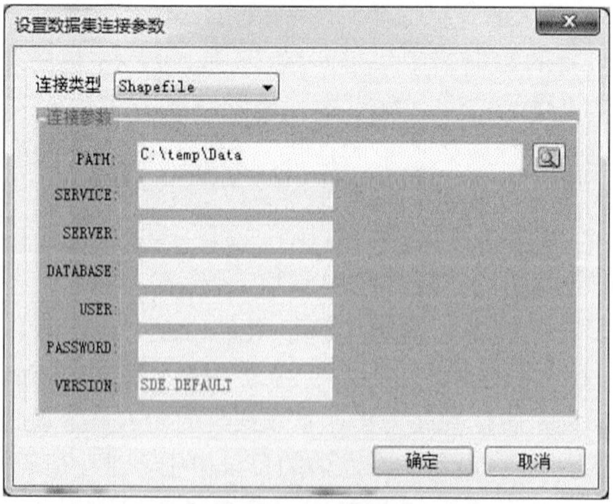

图 7.9　设置数据集连接参数对话框

图 7.10　完成第一个数据集建立的对话框

在"标题"文本框中输入"行政界线","说明"、"比例尺"等可以为空。下一步就是设置该数据集的连接参数。由于已设置了该数据集的上一层"1∶400万中国地图数据"的连接参数，所以可以点击"引入"按钮，则弹出如图 7.12 所示的对话框，直接引入上一层数据集连接参数。

由于本数据集仍不是最底层数据集，所以到此为止，本数据集的所有参数设置完毕，点击"确定"按钮，结果如图 7.13 所示。

在左侧的目录树中，选中"行政界线"条目，为其添加下一层数据集，点击"添加数据集按钮"，弹出如图 7.14 所示的对话框。在"标题"文本框中输入"国界"，连接类型可以引入上一层数据集的连接参数。选中"是否最底层数据集"，设置本层数据集为最底层数据。

由于"国界"数据集为最底层数据集，所以必须输入数据集的名字。点击 按钮，弹出如图 7.15 所示的对话框，在对话框中选择 shapefile 文件 "boul _ 41. shp"，点击"确定"按钮后，则"数据集名"、"类型"以及数据集坐标范围的文本框会自动填充，如图 7.14 所示。

重复上述步骤，可以建立任意多层次的数据集目录。

另外，SpatialDatabaseManageService 也能够按多个层次管理多个 MXD、SXD、3DD 类型的文件，其数据集目录建立的具体操作步骤与前面类似。最后，

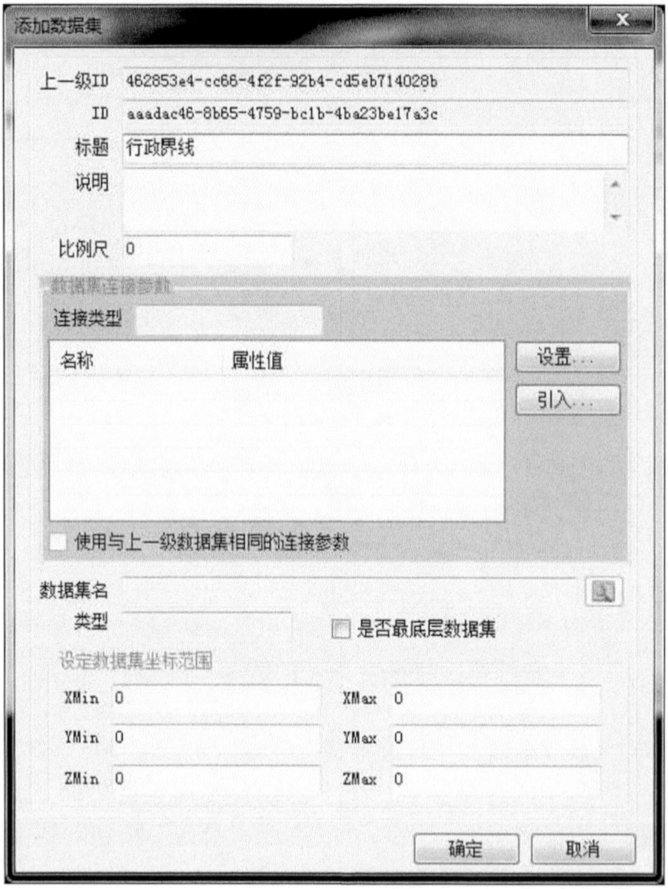

图 7.11　添加第二个数据集对话框

形成如图 7.16 所示的结果。

　　将多级空间数据集的目录信息存储在一个 XML 文件内，当然也可以选择存储在 Access 或者 Oracle 数据库中。XML 文件的主要内容如下：

```
<SpatialDatabaseService>
  <SpatialDatabase>
    <SpatialDataset ID = "d6e801a2 - 0d95 - 4607 - ad3e - 3d1ae4b069ae" FatherID
= "">
      <Title>1：400 万中国地图数据</Title>
      <Description>_</Description>
      <OpenerType>
      </OpenerType>
```

图 7.12　引入连接参数对话框

图 7.13　完成第二个数据集建立的对话框

图 7.14　添加第三个数据集对话框

$<$ConnectorProperty ConnectorType = "Shapefile"$>$

　　$<$DataBase$>$C:\temp\Data$<$/DataBase$>$

$<$/ConnectorProperty$>$

　$<$/SpatialDataset$>$

$<$SpatialDataset　　　　　　　ID = "b6915c4b - 3508 - 4e82 - a165 - 4192028c1c7a"

FatherID = "d6e801a2 - 0d95 - 4607 - ad3e - 3d1ae4b069ae"$>$

　　$<$Title$>$行政界线$<$/Title$>$

　　$<$Description$>$_$<$/Description$>$

　　$<$OpenerType$>$

　　$<$/OpenerType$>$

　　$<$ConnectorProperty ConnectorType = "Shapefile"$>$

　　　　$<$DataBase$>$C:\temp\Data$<$/DataBase$>$

　　$<$/ConnectorProperty$>$

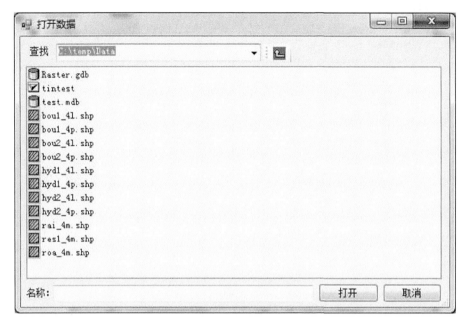

图 7.15　打开数据要素集对话框

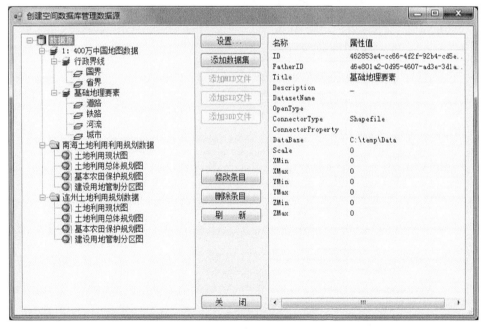

图 7.16　建立数据集目录结果对话框

```
    </SpatialDataset>
    <SpatialDataset          ID = "462853e4 - cc66 - 4f2f - 92b4 - cd5eb714028b"
FatherID = "d6e801a2 - 0d95 - 4607 - ad3e - 3d1ae4b069ae">
        <Title>基础地理要素</Title>
        <Description>_</Description>
        <OpenerType>
        </OpenerType>
        <ConnectorProperty ConnectorType = "Shapefile">
          <DataBase>C:\temp\Data</DataBase>
        </ConnectorProperty>
        </SpatialDataset>
    <SpatialDataset          ID = "a1935b32 - 99c0 - 4782 - 8c9c - 52668b45fc7a"
FatherID = "462853e4 - cc66 - 4f2f - 92b4 - cd5eb714028b">
        <Title>道路</Title>
        <Description>_</Description>
        <OpenerType>FeatureClass</OpenerType>
        <ConnectorProperty ConnectorType = "Shapefile">
          <DataBase>C:\temp\Data</DataBase>
        </ConnectorProperty>
        <DatasetName>roa_4m</DatasetName>
        <Scale>0</Scale>
        <XMin>80.3868560791016</XMin>
        <XMax>132.514663696289</XMax>
        <YMin>18.2823352813721</YMin>
        <YMax>49.6271781921387</YMax>
        </SpatialDataset>
    <SpatialDataset          ID = "6b848f56 - 7d28 - 4748 - babb - 4bdd6792f810"
FatherID = "462853e4 - cc66 - 4f2f - 92b4 - cd5eb714028b">
        <Title>铁路</Title>
        <Description>_</Description>
        <OpenerType>FeatureClass</OpenerType>
        <ConnectorProperty ConnectorType = "Shapefile">
          <DataBase>C:\temp\Data</DataBase>
        </ConnectorProperty>
        <DatasetName>rai_4m</DatasetName>
        <Scale>0</Scale>
        <XMin>84.7080383300781</XMin>
        <XMax>131.212371826172</XMax>
```

```
        <YMin>21.1737880706787</YMin>
        <YMax>53.004581451416</YMax>
      </SpatialDataset>
    <SpatialDataset                ID = "d0767ca8 - 5b98 - 4114 - b63e - 26f4a05ee2c2"
FatherID = "462853e4 - cc66 - 4f2f - 92b4 - cd5eb714028b">
        <Title>河流</Title>
        <Description>_</Description>
        <OpenerType>FeatureClass</OpenerType>
        <ConnectorProperty ConnectorType = "Shapefile">
          <DataBase>C:\temp\Data</DataBase>
        </ConnectorProperty>
        <DatasetName>hyd2_4p</DatasetName>
        <Scale>0</Scale>
        <XMin>80.0828018188477</XMin>
        <XMax>132.849029541016</XMax>
        <YMin>22.2230205535889</YMin>
        <YMax>49.6204223632813</YMax>
      </SpatialDataset>
    <SpatialDataset                ID = "758da12a - 8149 - 4c83 - b636 - 03f23b92dc1f"
FatherID = "462853e4 - cc66 - 4f2f - 92b4 - cd5eb714028b">
        <Title>城市</Title>
        <Description>_</Description>
        <OpenerType>FeatureClass</OpenerType>
        <ConnectorProperty ConnectorType = "Shapefile">
          <DataBase>C:\temp\Data</DataBase>
        </ConnectorProperty>
        <DatasetName>res1_4m</DatasetName>
        <Scale>0</Scale>
        <XMin>87.6061172485352</XMin>
        <XMax>126.643341064453</XMax>
        <YMin>20.0317935943604</YMin>
        <YMax>45.7414932250977</YMax>
      </SpatialDataset>
    <SpatialDataset                ID = "5004323b - ce32 - 4c76 - ba03 - b615d40a18f5"
FatherID = "b6915c4b - 3508 - 4e82 - a165 - 4192028c1c7a">
        <Title>国界</Title>
        <Description>_</Description>
        <OpenerType>FeatureClass</OpenerType>
```

```xml
    <ConnectorProperty ConnectorType = "Shapefile">
      <DataBase>C:\temp\Data</DataBase>
    </ConnectorProperty>
    <DatasetName>bou1_4l</DatasetName>
    <Scale>0</Scale>
    <XMin>73.4469604492188</XMin>
    <XMax>135.085830688477</XMax>
    <YMin>3.40847730636597</YMin>
    <YMax>53.5579261779785</YMax>
    </SpatialDataset>
  <SpatialDataset                ID = "48ca8fce - 784a - 44ef - a44a - 779a2c67bb23"
FatherID = "b6915c4b - 3508 - 4e82 - a165 - 4192028c1c7a">
    <Title>省界</Title>
    <Description>_</Description>
    <OpenerType>FeatureClass</OpenerType>
    <ConnectorProperty ConnectorType = "Shapefile">
      <DataBase>C:\temp\Data</DataBase>
    </ConnectorProperty>
    <DatasetName>bou2_4p</DatasetName>
    <Scale>0</Scale>
    <XMin>73.4469604492188</XMin>
    <XMax>135.085830688477</XMax>
    <YMin>6.3186411857605</YMin>
    <YMax>53.5579261779785</YMax>
    </SpatialDataset>
  </SpatialDatabase>
  <ProfileDatabase>
    <ProfileDataset                ID = "ee9a28c3 - 61f5 - 4a5f - b33b - e7f71c5b90f1"
FatherID = "">
    <ProfileType>
    </ProfileType>
    <ProfilePath>
    </ProfilePath>
    <Title>南海土地利用规划数据</Title>
    <Description>_</Description>
    </ProfileDataset>
    <ProfileDataset                ID = "4739af58 - 805d - 45c3 - b3ff - 7cfb4ebe26a9"
FatherID = "ee9a28c3 - 61f5 - 4a5f - b33b - e7f71c5b90f1">
```

```
<ProfileType>MXD</ProfileType>
<ProfilePath>F:\Project\南海区土地利用总体规划\规划图件\图层文件\01 土
地利用现状图.mxd</ProfilePath>
<Title>土地利用现状图</Title>
<Description>_</Description>
</ProfileDataset>
<ProfileDataset              ID = "d7bb9351 - b9ce - 4dd8 - 8676 - 1c77c84ab1f4"
FatherID = "ee9a28c3 - 61f5 - 4a5f - b33b - e7f71c5b90f1">
<ProfileType>MXD</ProfileType>
<ProfilePath>F:\Project\佛山市南海区土地利用总体规划\规划图件\图层文件
\02 土地利用总体规划图.mxd</ProfilePath>
<Title>土地利用总体规划图</Title>
<Description>_</Description>
</ProfileDataset>
<ProfileDataset              ID = "fa1c2568 - 3ca9 - 436b - a234 - 33af9d220c6e"
FatherID = "ee9a28c3 - 61f5 - 4a5f - b33b - e7f71c5b90f1">
<ProfileType>MXD</ProfileType>
<ProfilePath>F:\Project\佛山市南海区土地利用总体规划\规划图件\图层文件
\04 基本农田保护规划图.mxd</ProfilePath>
<Title>基本农田保护规划图</Title>
<Description>_</Description>
</ProfileDataset>
<ProfileDataset              ID = "e6c5a078 - f86d - 4451 - b256 - ee4b5a49355d"
FatherID = "ee9a28c3 - 61f5 - 4a5f - b33b - e7f71c5b90f1">
<ProfileType>MXD</ProfileType>
<ProfilePath>F:\Project\佛山市南海区土地利用总体规划\规划图件\图层文件\
03 建设用地管制分区图.mxd</ProfilePath>
<Title>建设用地管制分区图</Title>
<Description>_</Description>
</ProfileDataset>
<ProfileDataset              ID = "94a716e8 - 6eda - 4b58 - bfa8 - 7e7f96a1aa82"
FatherID = "">
<ProfileType>
</ProfileType>
<ProfilePath>
</ProfilePath>
<Title>连州土地利用规划数据</Title>
<Description>_</Description>
```

```
        </ProfileDataset>
        <ProfileDataset                    ID = "2421596d - b7ae - 484f - a2df - cb347b838bd2"
FatherID = "94a716e8 - 6eda - 4b58 - bfa8 - 7e7f96a1aa82">
            <ProfileType>MXD</ProfileType>
            <ProfilePath>F:\Project\连州数据库\规划图件\图层文件\连州土地利用现状
图.mxd</ProfilePath>
            <Title>土地利用现状图</Title>
            <Description>_</Description>
        </ProfileDataset>
        <ProfileDataset                    ID = "9c84f4a5 - d726 - 4669 - 9f5a - 8a74fd829f0b"
FatherID = "94a716e8 - 6eda - 4b58 - bfa8 - 7e7f96a1aa82">
            <ProfileType>MXD</ProfileType>
            <ProfilePath>F:\Project\连州数据库\规划图件\图层文件\连州土地利用规划
图.mxd</ProfilePath>
            <Title>土地利用总体规划图</Title>
            <Description>_</Description>
        </ProfileDataset>
        <ProfileDataset                    ID = "b230fbe9 - acd5 - 4b05 - ad1a - 0c7dc3d1a1e0"
FatherID = "94a716e8 - 6eda - 4b58 - bfa8 - 7e7f96a1aa82">
            <ProfileType>MXD</ProfileType>
            <ProfilePath>F:\Project\连州数据库\规划图件\图层文件\连州基本农田保护
规划图.mxd</ProfilePath>
            <Title>基本农田保护规划图</Title>
            <Description>_</Description>
        </ProfileDataset>
        <ProfileDataset                    ID = "5e6a9904 - c4a3 - 404f - 9333 - 92cdab42c46c"
FatherID = "94a716e8 - 6eda - 4b58 - bfa8 - 7e7f96a1aa82">
            <ProfileType>MXD</ProfileType>
            <ProfilePath>F:\Project\连州数据库\规划图件\图层文件\连州建设用地管制
分区图.mxd</ProfilePath>
            <Title>建设用地管制分区图</Title>
            <Description>_</Description>
        </ProfileDataset>
    </ProfileDatabase>
  </SpatialDatabaseService>
```

重新运行例 10，左边的空间数据集目录已填充了建立好的数据集目录，选中任一层次的数据集，点击鼠标右键，则弹出一个右键菜单，用户可以以 3 种方式打开数据集。

（1）打开数据集到当前视图：将选中的数据集的所有最底层数据集打开到当前文档-视图中。

（2）打开数据集到新视图：将选中的数据集的所有最底层数据集打开到一个新的文档-视图中。

（3）打开数据集到多视图：将选中的数据集的所有最底层数据集分别打开到多个不同的文档-视图中。

图 7.17 是打开数据集到多视图的运行结果，这些地图视图被自动设置为联动显示。

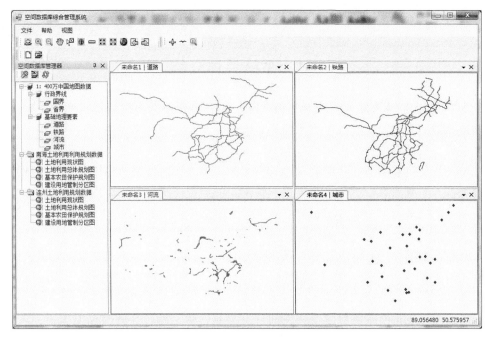

图 7.17　打开数据集到多视图对话框

第 8 章 一个基于 OG-ADF 框架的开发案例

OG-ADF 框架是开放的，可以在不同的 GIS 二次开发平台上扩展，目前已基本完成了基于 ArcEngine 的框架实现。依据本框架的思路，用户可以在 SuperMap、MapGIS、Skyline 等其他二次开发平台上实现类似框架。本章介绍基于 ArcEngine 二次开发平台，利用 OG-ADF 开发的一个"广东省遥感水质监测信息管理系统"。

8.1　系统总体介绍

"广东省遥感水质监测信息管理系统"主要是构建面向应用部门的广东省水质遥感监测系统，实现广东省水质遥感监测的系统化，并实现遥感监测结果的快速融合、数据管理、各种可视化和空间分析功能，为应用部门及时提供高效的水环境和水质信息服务。系统要求能管理多源和多时相海量遥感影像数据、基础地理数据、遥感参数数据集、水质遥感结果，能利用遥感模型反演水质信息。

本系统采用 Visual Studio 2010 集成开发环境 C#语言、.Net Framework3.5 类库和 GIS 二次开发组件库 ArcEngine10.1 开发。数据库管理系统采用 Oracle11g，空间数据引擎采用 ESRI 公司的 ArcSDE，以 Client/Server 模式开发。系统采用 OG-ADF 插件开发框架为基础实现开发。系统分为支撑层、数据层、功能层和表示层 4 层，体系结构如图 8.1 所示。

支撑层包括整个系统建设用到的开发工具、数据库、空间数据库引擎、Arc Engine 二次开发类库以及支持系统运行的操作系统和网络设施等，是整个系统建设和运行的保证。数据层主要包括对 4 类数据的组织存储管理。功能层主要包括 3 个层次的功能：插件框架功能、遥感水质监测数据管理功能以及基于遥感影像数据的水质监测应用，每个层次包含多项具体功能。表示层是系统功能的载体，负责系统插件的显示、系统数据显示和系统功能的展示。

"广东省遥感水质监测信息管理系统"在 OG-ADF 框架上开发，是由主程序界面与一系列插件构成，如图 8.2 所示。

主程序界面是一个继承自 PLGAppMainForm 类的窗体，只是提供一个插件的宿主，负责加载各个插件，基本不实现任何功能。所有的要加载的插件都放在一个插件配置文件，由主窗体在 OnLoad 事件中，读取这个配置文件，配置文件清单如下：

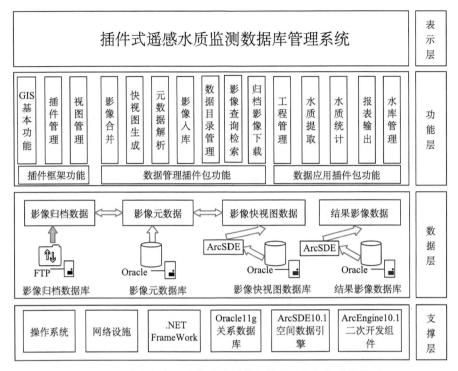

图 8.1　"广东省遥感水质监测信息管理系统"体系结构图

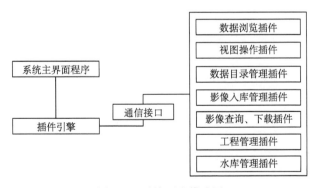

图 8.2　系统开发模式图

```
<?xml version = "1.0"? >
    <PluginConfig>
        <Plugin>
            <Name>OUNCE.PLG.TOCExplorer</Name>
            <Description>TOCExplorer</Description>
```

```xml
        <Path>\Plugin\PLGTOCExplorer.dll</Path>
        <Dependency /><ExposedObject><ExposedObject Name = "OUNCE.PLG.TOCCon-
trol" Type = "ESRI.ArcGIS.Controls.AxTOCControl" />
        </ExposedObject></Plugin>
    <Plugin>
        <Name>OUNCE.PLG.SpatialDatabaseExplorer</Name>
        <Description>SpatialDatabaseExplorer</Description>
        <Path>\Plugin\PLGSpatialDatabaseExplorer.dll</Path>
        <Dependency/><ExposedObject><ExposedObject
Name = "OUNCE.PLG.SpatialDatabaseExplorerTreeView" Type = "System.Windows.Forms.TreeView"
/>
        </ExposedObject></Plugin>
    <Plugin>
        <Name>OUNCE.WQM.MapDocumentPlugin</Name>
        <Description>DocumentPlugin</Description>
        <Path>\Plugin\WQMDocumentPlugin.dll</Path>
        <Dependency /> <ExposedObject /> </Plugin>
    <Plugin>
        <Name>OUNCE.WQM.WQMStarterPlugin</Name>
        <Description>WQMStarterPlugin</Description>
        <Path>\Plugin\WQMStarterPlugin.dll</Path>
        <Dependency />    <ExposedObject /></Plugin>
    <Plugin>
        <Name>OUNCE.WQM.WQMQueryTreePlugin</Name>
        <Description>QueryTreePlugin</Description>
        <Path>\Plugin\WQMQueryTreePlugin.dll</Path>
        <Dependency /><ExposedObject /></Plugin>
    <Plugin>
        <Name>OUNCE.WQM.WQMQueryDatasetPlugin</Name>
        <Description>QueryDatasetPlugin</Description>
        <Path>\Plugin\WQMQueryDatasetPlugin.dll</Path>
        <Dependency /><ExposedObject /></Plugin>
    <Plugin>
        <Name>OUNCE.WQM.WQMDataManagePlugin</Name>
        <Description>DataManagePlugin</Description>
        <Path>\Plugin\WQMDataManagePlugin.dll</Path>
        <Dependency /> <ExposedObject /> </Plugin>
    <Plugin>
```

```
            <Name>OUNCE.PLG.WQMMapOperatePlugin</Name>
            <Description>MapOperatePlugin</Description>
            <Path>\Plugin\WQMMapOperatePlugin.dll</Path>
            <Dependency /><ExposedObject /></Plugin>
        <Plugin>
            <Name>OUNCE.PLG.WQMGlobeOperatePlugin</Name>
            <Description>GlobeOperatePlugin</Description>
            <Path>\Plugin\WQMGlobeOperatePlugin.dll</Path>
            <Dependency/> <ExposedObject /></Plugin>
        <Plugin>
            <Name>OUNCE.WQM.GYK.WQMProjectPlugin</Name>
            <Description>WQMPROJECTPLUGIN</Description>
            <Path>\Plugin\WQMProjectPlugin.dll</Path>
            <Dependency/> <ExposedObject /></Plugin>
    </PluginConfig>
```

　　系统的界面是一个文档-多视图风格，主文档是一个 GlobeControl 类型文档，居于主窗体中间，不能关闭，用户可以任意打开多个视图窗口，查看对比不同的影像数据，这些视图窗口可以任意组合、任意停靠、任意放置，可以利用一些命令与工具进行操作。

　　系统的主体界面如图 8.3 所示。

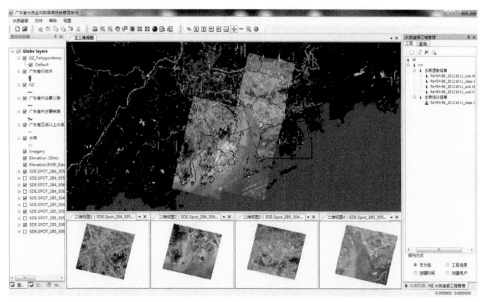

图 8.3　系统的主体界面

8.2　系统几个主要插件

OG-ADF 框架的开放性使得系统的功能分解到各个插件完成，再由插件组装起来，或者通过插件扩展系统功能，下面介绍本系统的一些主要插件。

■ **WQMStarterPlugin. dll 插件**

WQMStarterPlugin. dll 插件实际上与 PLGStarterPlugin. dll 插件的功能类似，就是为本系统提供一个默认的主菜单与一个默认的工具条，其关键字分别为"OUNCE. WQM. MainMenu"和"OUNCE. WQM. MainToolbar"，另外，该插件中还进行了与该系统相关的其他初始化工作。

■ **PLGTOCExplorer. dll 插件**

PLGTOCExplorer. dll 插件是由 OG-ADF 框架提供的专门针对多文档-视图而显示图例信息的插件，装载后停靠在主窗体的左侧，如图 8.4 所示。

■ **SpatialDatabaseExplorer. dll 插件**

SpatialDatabaseExplorer. dll 插件是由 OG-ADF 框架提供的以无限分级、分类的树形目录方式，用来管理用户的各种格式、各种类型的空间数据。该插件用于管理本系统所需的多源数据，装载后停靠在主窗体的左侧，如图 8.5 所示。

■ **WQMDocumentPlugin. dll 插件**

WQMDocumentPlugin. dll 插件改写自 OG-ADF 框架的 PLGMapDocument-Plugin. dll，为 MapControl 类型文档提供文档行为挂钩与文档事件处理挂钩的实现。在本系统中，主文档是一个 GlobeControl 类型文档，居于主窗体中间，不能被关闭。所有新打开的 MapControl 类型文档，都自动排列在主文档的下方，如图 8.6 所示。

■ **WQMMapOperatePlugin. dll 插件**

WQMMapOperatePlugin. dll 插件提供一系列操作 MapControl 类型文档的基本工具，如放大、缩小、平移等。这些常用功能一般在一个插件中，需要直接装载进来就可以了。

■ **WQMGlobeOperatePlugin. dll 插件**

WQMGlobeOperatePlugin. dll 插件提供一系列操作 GlobeControl 类型文档的基本工具，与 WQMMapOperatePlugin 插件类似。

■ **WQMQueryDatasetPlugin. dll 插件**

WQMQueryDatasetPlugin. dll 插件对影像数据库提供灵活高效的查询功能，本插件实现了多种影像数据查询方式，包括基于行政区查询、基于水库查询、构造几何形状查询、基于 shp 文件查询、基于元数据查询、空间元数据综合查询，如图 8.7 所示。

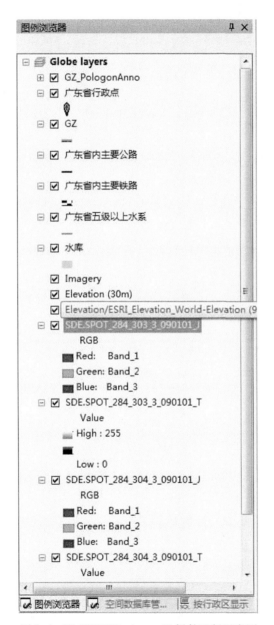

图 8.4　PLGTOCExplorer. dll 插件运行示意图

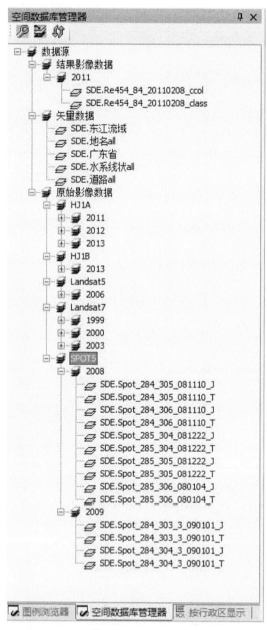

图 8.5　SpatialDatabaseExplorer. dll 插件管理数据示意图

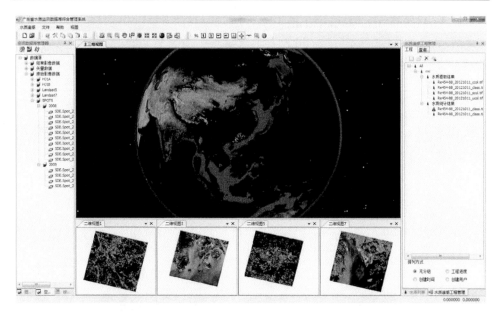

图 8.6　WQMDocumentPlugin. dll 插件管理文档行为示意图

图 8.7　WQMQueryDatasetPlugin. dll 插件运行示意图

■ WQMDataManagePlugin. dll 插件

WQMDataManagePlugin. dll 插件提供遥感影像的原始数据入库、遥感影像波段合成等影像数据管理功能，如图 8.8 所示。

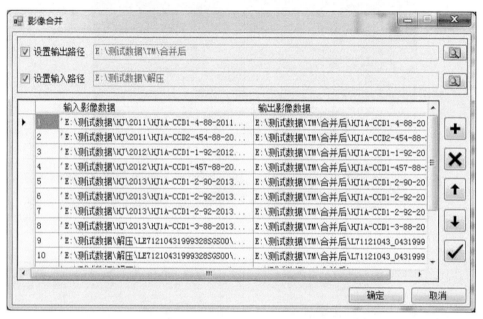

图 8.8　WQMDataManagePlugin. dll 插件运行示意图

■ WQMQueryTreePlugin. dll 插件

WQMQueryTreePlugin. dll 插件按照水库的级别、水库所在流域，以树形目录列出广东省所有的水库，并查询显示各个水库的水质信息，装载后停靠在主窗体的右侧，如图 8.9 和图 8.10 所示。

■ WQMProjectPlugin. dll 插件

WQMProjectPlugin. dll 插件提供遥感水质动态监测的业务化运行功能，通过该插件，能利用数据库中的遥感影像数据，进行遥感水质提取、水质统计分析、水质报告输出等。该插件以工程化管理整个计算过程，并且能管理多过程，装载后停靠在主窗体的右侧，如图 8.11～图 8.14 所示。

图 8.9　WQMQueryTreePlugin. dll 插件运行示意图 1

图 8.10　WQMQueryTreePlugin. dll 插件运行示意图 2

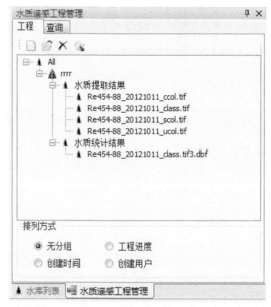

图 8.11　WQMProjectPlugin. dll 插件运行示意图 1

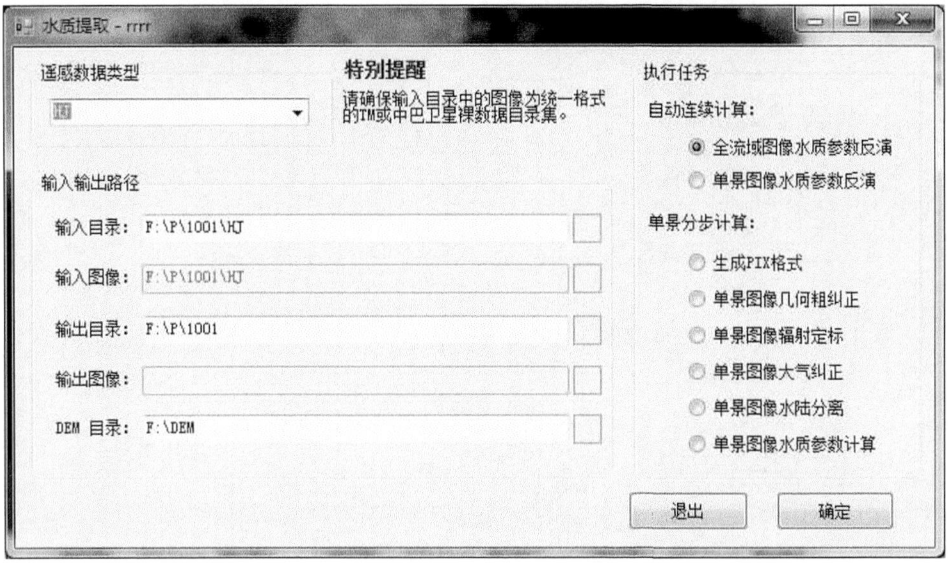

水质提取 - rrrr

遥感数据类型

国　　　　　　▼

特别提醒

请确保输入目录中的图像为统一格式的TM或中巴卫星课数据目录集。

执行任务

自动连续计算：

　● 全流域图像水质参数反演
　○ 单景图像水质参数反演

单景分步计算：

　○ 生成PIX格式
　○ 单景图像几何粗纠正
　○ 单景图像辐射定标
　○ 单景图像大气纠正
　○ 单景图像水陆分离
　○ 单景图像水质参数计算

输入输出路径

输入目录：　F:\P\1001\HJ

输入图像：　F:\P\1001\HJ

输出目录：　F:\P\1001

输出图像：

DEM 目录：　F:\DEM

退出　　　确定

图 8.12　WQMProjectPlugin.dll 插件运行示意图 2

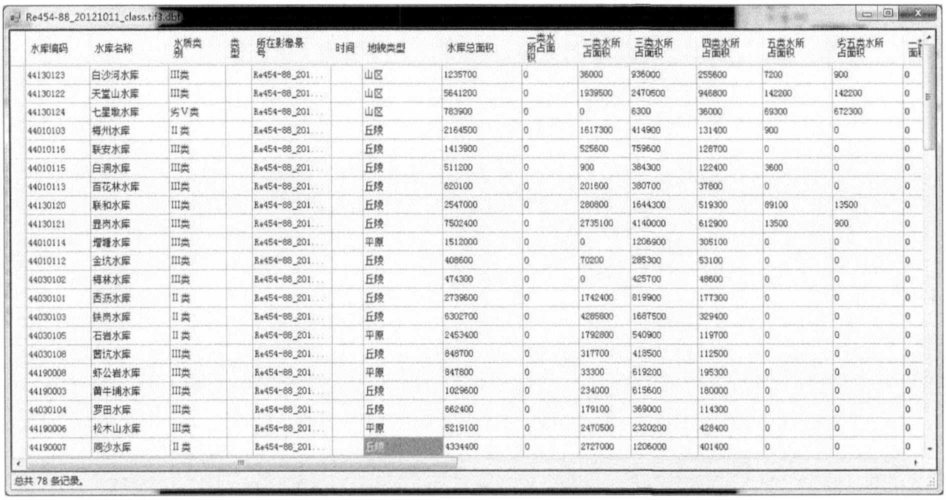

Re454-88_20121011_class.tif?.dbf

水库编号	水库名称	水质类别	图	所在影像影号	时间	地貌类型	水库总面积	一类水所占面积	二类水所占面积	三类水所占面积	四类水所占面积	五类水所占面积	劣五类水所占面积	一面
44130123	白沙河水库	III类		Re454-88_201…		山区	1235700	0	36000	936000	255600	7200	900	0
44130122	天堂山水库	III类		Re454-88_201…		山区	5641200	0	1939500	2470500	946800	142200	142200	0
44130124	七星墩水库	劣V类		Re454-88_201…		山区	783900	0	6300	36000	69300	672300	0	
44010103	梅州水库	II类		Re454-88_201…		丘陵	2164500	0	1617300	414900	131400	900	0	0
44010116	联安水库	III类		Re454-88_201…		丘陵	1413900	0	525600	759600	128700	0	0	
44010115	白洞水库	III类		Re454-88_201…		丘陵	511200	0	900	384300	122400	3600	0	0
44010113	百花水库	III类		Re454-88_201…		丘陵	620100	0	201600	380700	37800	0	0	
44130120	联和水库	III类		Re454-88_201…		丘陵	2547000	0	280800	1644300	519300	89100	13500	0
44130121	显岗水库	III类		Re454-88_201…		丘陵	7502400	0	2735100	4140000	612900	13500	900	0
44010114	增塘水库	III类		Re454-88_201…		平原	1512000	0	0	1206900	305100	0	0	
44010112	金坑水库	III类		Re454-88_201…		丘陵	408600	0	70200	285300	53100	0	0	
44030102	梅林水库	III类		Re454-88_201…		平原	474300	0	425700	48600	0			
44030101	西丛水库	III类		Re454-88_201…		丘陵	2739600	0	1742400	819900	177300	0	0	
44030103	铁岗水库	II类		Re454-88_201…		丘陵	6302700	0	4285800	1687500	329400	0	0	
44030105	石岩水库	II类		Re454-88_201…		平原	2453400	0	1792800	540900	119700	0	0	
44030108	罗汛水库	III类		Re454-88_201…		丘陵	848700	0	317700	418500	112500	0	0	
44190008	虾公岭水库	III类		Re454-88_201…		平原	847800	0	33300	619200	195300	0	0	
44190003	黄牛埔水库	III类		Re454-88_201…		丘陵	1029600	0	234000	615600	180000	0	0	
44030104	罗田水库	III类		Re454-88_201…		丘陵	862400	0	179100	369000	114300	0	0	
44190006	松木山水库	III类		Re454-88_201…		平原	5219100	0	2470500	2320200	428400	0	0	
44190007	周沙水库	II类		Re454-88_201…		丘陵	4334400	0	2727000	1206000	401400	0	0	

总共 78 条记录。

图 8.13　WQMProjectPlugin.dll 插件运行示意图 3

图 8.14　WQMProjectPlugin. dll 插件运行示意图 4

附录：源代码内容说明

本书所附带有 OG-ADF 框架的部分源代码、插件源代码及示例，读者可以与 dx@mail. sciencep. com 邮箱联系，免费下载。

本框架的开发环境为 Visual Studio 2010，开发语言为 C♯，必须安装 Arc Engine 10.1 才能正常运行。

1. 主目录结构

OG _ ADF：是主文件目录。

Src：存放 OG-ADF 框架中部分源代码工程。

Bin：存放 OG-ADF 框架的 dll 文件。

Sample：存放本书的示例。

Data：存放本书的示例数据。

Ico：存放一些 GIS 项目常用的图标。

2. Src 目录

本目录存放 OG-ADF 框架的部分源代码工程文件，每一个工程在单独的文件夹中存放。

■ Plugin. sln

所有源代码的解决方案文件。

■ PLGMapUtility 目录

存放 PLGMapUtility 工程，是关于一些本框架用到的工具函数的程序集。

■ PLGMapUtilityUI 目录

存放 PLGMapUtilityUI 工程，是一些本框架提供的带用户界面的函数的程序集。

■ PLGMapCommonCommandHook 目录

存放 PLGMapCommonCommandHook 工程，本框架提供的一些常用于 MapControl 文档的 Command 的程序集。

■ PLGMapCommonToolHook 目录

存放 PLGMapCommonToolHook 工程，本框架提供的一些常用于 MapControl 文档的 Tool 的程序集。

- **PLGGlobeCommonCommandHook 目录**

存放 PLGGlobeCommonCommandHook 工程，本框架提供的一些常用于 GlobeControl 文档的 Command 的程序集。

- **PLGGlobeCommonToolHook 目录**

存放 PLGGlobeCommonToolHook 工程，本框架提供的一些常用于 GlobeControl 文档的 Tool 的程序集。

- **PLGSceneCommonCommandHook 目录**

存放 PLGSceneCommonCommandHook 工程，本框架提供的一些常用于 SceneControl 文档的 Command 的程序集。

- **PLGSceneCommonToolHook 目录**

存放 PLGSceneCommonToolHook 工程，本框架提供的一些常用于 SceneControl 文档的 Tool 的程序集。

- **PLGStarterPlugin 目录**

存放 PLGStarterPlugin 工程，是 PLGStarterPlugin. dll 插件的程序集。

- **PLGStarterPlugin 目录**

存放 PLGStarterPlugin 工程，是 PLGStarterPlugin. dll 插件的程序集。

- **PLGTOCExplorer 目录**

存放 PLGTOCExplorer 工程，是 PLGTOCExplorer. dll 插件的程序集。

- **PLGSpatialDatabaseExplorer 目录**

存放 PLGSpatialDatabaseExplorer 工程，是 PLGSpatialDatabaseExplorer. dll 插件的程序集。

- **PLGMapDocumentPlugin 目录**

存放 PLGMapDocumentPlugin 工程，是 PLGMapDocumentPlugin. dll 插件的程序集，为 MapControl 类型文档提供的行为提供基本的实现。

- **PLGSceneDocumentPlugin 目录**

存放 PLGSceneDocumentPlugin 工程，是 PLGSceneDocumentPlugin. dll 插件的程序集，为 SceneControl 类型文档提供的行为提供基本的实现。

- **PLGGlobeDocumentPlugin 目录**

存放 PLGGlobeDocumentPlugin 工程，是 PLGGlobeDocumentPlugin. dll 插件的程序集，为 GlobeControl 类型文档提供的行为提供基本的实现。

- **PLGMapContextMenuPlugin 目录**

存放 PLGMapContextMenuPlugin 工程，是 PLGMapContextMenuPlugin. dll 插件的程序集，为 MapControl 类型文档提供一个基本的上下文菜单。

■ **PLGMapOperatePlugin 目录**

存放 PLGMapOperatePlugin 工程，是 PLGMapOperatePlugin.dll 插件的程序集，为 MapControl 类型文档提供常用的命令和工具。

■ **PLGSceneOperatePlugin 目录**

存放 PLGSceneOperatePlugin 工程，是 PLGSceneOperatePlugin.dll 插件的程序集，为 SceneControl 类型文档提供常用的命令和工具。

■ **PLGGlobeOperatePlugin 目录**

存放 PLGGlobeOperatePlugin 工程，是 PLGGlobeOperatePlugin.dll 插件的程序集，为 GlobeControl 类型文档提供常用的命令和工具。

3. Bin 目录

（1）存放 OG-ADF 框架的 dll 文件，供开发者引用。

（2）Bin 目录下的 Plugin 目录存放 OG-ADF 框架提供的插件 dll 文件，供开发者加载使用。

4. Sample 目录

存放本书的 10 个示例，每个示例可独立运行。

5. Data 目录

存放一些示例数据：

（1）sd.xml，存储空间数据集目录树的 XML 示例文件。

（2）sd.mdb，存储空间数据集目录树的 MDB 示例文件。

（3）sdsql.txt，创建记录存储空间数据集目录树数据表的 SQL 语句文件，可用在 Access、PostgreSQL、Oracle 等数据库中创建相应的数据表。

（4）Chian 文件夹，存放 1∶400 万的中国矢量地图。